高等职业教育电子信息类专业规划教材

GAO DENG ZHI YE JIAO YU DIAN ZI XIN XI LEI ZHUAN YE GUI HUA JIAO CAI

U0132200

电子电路CAD

■ 及力 主编　　王晓莉 副主编

人民邮电出版社

北　京

图书在版编目（CIP）数据

电子电路CAD / 及力主编. -- 北京：人民邮电出版
社，2012.1
高等职业教育电子信息类专业规划教材
ISBN 978-7-115-26663-7

Ⅰ．①电… Ⅱ．①及… Ⅲ．①电子电路－电路设计：
计算机辅助设计－应用软件，Protel 99－高等职业教育
－教材 Ⅳ．①TN702

中国版本图书馆CIP数据核字(2011)第213926号

内 容 提 要

    本书第 1 章主要介绍 Protel 99 SE 的文件管理，是使用软件的基础。第 2～5 章是原理图设计部分，从最简单的电路图绘制开始逐渐增加编辑内容直至元器件符号的编辑，其中第 5 章介绍了层次原理图的设计方法。第 6～10 章是 PCB 设计部分，内容包括 PCB 的一些专用名词，自动布线的基本操作步骤以及各种编辑方法，在第 10 章元器件封装符号编辑中还特别介绍了根据元器件手册绘制封装符号的方法，这是实际设计中的常用方法。第 11 章介绍单面板和双面板的实际设计实例，介绍了实际设计中常用的手动布线方法。

    本书语言简练、通俗易懂、操作性强、图文并茂，每章都配有针对性很强的练习题，适合边讲边练的教学过程，便于读者自学，可作为高等职业院校相应课程的教材，也可供从事电路设计的工作人员参考。

高等职业教育电子信息类专业规划教材

电子电路 CAD

  ◆ 主　　编　及　力

     副 主 编　王晓莉

     责任编辑　李　强

  ◆ 人民邮电出版社出版发行　　北京市崇文区夕照寺街 14 号

     邮编　100061　电子邮件　315@ptpress.com.cn

     网址　http://www.ptpress.com.cn

     大厂聚鑫印刷有限责任公司印刷

  ◆ 开本：787×1092　1/16

     印张：13

     字数：307 千字　　　　　　　2012 年 1 月第 1 版

     印数：1- 3 000 册　　　　　　2012 年 1 月河北第 1 次印刷

ISBN 978-7-115-26663-7

定价：28.00 元

读者服务热线：**(010)67129264**　印装质量热线：**(010)67129223**

反盗版热线：**(010)67171154**

前　　言

尽管目前有多款进行原理图与 PCB 设计的软件，软件版本也层出不穷，但 Protel 99 SE 仍以其占用资源少、使用方便、操作简单、可靠的优点为企业广泛应用，因此本书仍然选择了 Protel 99 SE。

利用软件进行原理图与 PCB 设计属于计算机辅助设计范畴，需要设计者具备两方面知识，即软件使用和电路原理以及印制板设计的相关知识。因此本书特别注意了在介绍软件操作的同时，介绍一些基本的印制板设计知识，使读者在掌握软件操作的同时，了解印制板的一些设计要求和处理方法，从而掌握基本的 PCB 设计方法。

本书作者都是具有多年教学经验和实际 PCB 设计经验的一线教师，根据教学规律和设计经验，在编排顺序上，无论是原理图设计还是 PCB 设计都是根据从易到难、由浅入深、循序渐进的特点进行精心安排，便于读者操作。在实例选择方面既注重软件操作的典型性又注意贴近当前企业的生产实际，对一些 PCB 设计中的常见问题既给出了解决思路又给出了解决方法，其中不乏包含一些电路设计的概念，因此读者跟随本教材在完成设计任务的同时会不断积累设计经验，提高设计能力。

本书第 1 章主要介绍了有关 Protel 99 SE 文件管理的基本操作，是使用软件的基础。

第 2～5 章是原理图设计部分，从最简单的电路原理图绘制开始逐渐增加编辑内容直至元器件符号的编辑，其中第 5 章介绍了层次原理图的设计方法，从而完成了完整的原理图设计。

第 6～10 章是 PCB 设计部分。

其中第 6 章结合实际印制电路板介绍了一些软件中的专业术语。

第 7～9 章用循序渐进的方法介绍了印制板图的自动布线规则设置和自动布线的基本操作步骤，同时根据不断增加的设计要求，介绍各种编辑方法。

第 10 章介绍元器件封装符号的编辑和使用方法，本章根据实际设计需要重点介绍了根据元器件手册绘制封装符号的方法，其中特别对元器件手册中给出的封装示意图做了比较详细的介绍，是一种非常实用的设计方法。

第 11 章通过单面板和双面板设计两个实例综合回顾了第 1～10 章的知识，是对全书的总结与提高。

本书中有些元器件符号采用的是 Protel 软件中自带的符号，与国家标准不一致，敬请读者注意，并为由此带来的不便深表歉意。

本书第 1 章和第 3～6 章由王晓莉编写，第 2 章由及力编写，第 7、10、11 章由张智彬编写，第 8、9 章由曹强编写，及力统编全稿。

由于时间仓促，作者水平有限，书中难免有不妥之处，恳请读者批评指正。

编者

目　　录

CAD 是 Computer Aided Design（计算机辅助设计）的缩写。电子电路 CAD 的基本含义是使用计算机来完成电子线路的设计过程，包括电路原理图的编辑，电路功能仿真，工作环境模拟，印制电路板设计与检测等。

Poetel 99 SE 是当今流行的计算机辅助设计软件。Protel 99 SE 是一种电子设计自动化（EDA，Electronic Design Automation）设计软件，主要用于电路原理图设计、印制电路板（PCB）设计、可编程逻辑器件 （PLD）设计和电路信号仿真。Protel 99 SE 功能强大、人机界面友好、易学易用，可完整实现电子产品从电学概念设计到生成物理生产数据的全过程。熟练掌握和充分运用这套计算机辅助电路设计软件，可大大提高电路设计的工作效率。

本书中我们将主要介绍 Protel 99 SE 的基本知识、电路原理图的绘制、原理图元器件的创建、印制电路板的绘制、PCB 元器件封装的创建等。

第 1 章　Protel 99 SE 文件结构与管理

1.1　Protel 99 SE 简介

1.1.1　Protel 99 SE 的组成

Protel 99 SE 是 Protel 公司推出的运行于 Windows 9X/2000/XP 等操作系统之上的电路设计系统，它建立在 Protel 独特的设计管理器（Design Explorer）基础之上。Protel 99 SE 由原理图设计系统、印制电路板设计系统、电路信号仿真系统和可编程逻辑器件设计系统组成。其中原理图设计系统和印制电路板设计系统是 Protel 99 SE 的两大主要组成部分。

1. 原理图设计系统

电路原理图是表示电气产品或电路工作原理的技术文件，它由代表各种电子元器件的图形符号、线路、节点等元素组成。Protel 99 SE 的原理图设计系统是一个易于使用的具有大量元器件库的原理图编辑器，主要用于原理图的设计，它可为印制电路板设计提供网络表。原理图编辑器具有强大的原理图编辑功能、层次化设计功能、设计同步器、丰富的电气设计检验功能及强大而完善的打印输出功能，使用户可以轻松完成所需的设计任务。

2. 印制电路板设计系统

它是一个功能强大的印制电路板设计编辑器，具有非常专业的交互式元器件布局及布线功能，用于印制电路板（PCB）的设计并最终产生 PCR 文件，直接关系到印制电路板的生产。Protel 99 SE 的印制电路板设计系统可以进行多达 32 层信号层、16 层内部电源/接地层的布线设计，交互式元器件布置工具的使用大大减少了印制板设计的时间。同时它还包含具有专业水准的 PCB 信号完整性分析工具、功能强大的打印管理系统和先进的 PCB 三维视图预览工具。

3. 电路信号仿真系统

Protel 99 SE 包含一个功能强大的模/数混合信号仿真器，设计者可以方便地在设计中对一组混合信号进行仿真分析。它运行在 Protel 的 EDA/Client 集成环境下，与原理图编辑程序协同工作，为用户提供了一个完整的从设计到验证仿真设计的环境。在 Protel 99 SE 中进行仿真，只需从仿真用元器件库中选择所需的元器件，连接好原理图，加上信号源，然后下达仿真命令即可自动开始仿真。

4. 可编程逻辑器件设计系统

Protel 99 SE 提供了一个高效、通用的可编程逻辑器件设计系统。该设计系统支持两种可编程逻辑器件的设计方法：一种是使用 CUPL 来直接描述 PLD 设计的逻辑功能的源文件，另一种是使用 PLC 元器件库来绘制 PLD 内部的逻辑功能原理图，然后再编译生成熔丝文件。

1.1.2 Protel 99 SE 的功能

Protel 99 SE 是一款优秀的电子线路设计和布线软件。它由于功能强大、易学易用及人机友好的界面得到了广大用户的认可。它提供了类似于 Windows 资源管理器的界面，使用户可以轻松实现文件的分层管理；提供了一个集成的电路设计环境，使用户可以快速、高效、准确地完成从电路原理图到印制电路板的设计工作。在实际使用中，主要用到以下几个功能模块。

1. 原理图设计模块

该模块主要用于电子产品的电学设计，完成整个电子产品设计过程中的电工、电子学阶段的设计。它提供各种原理图绘图工具、丰富的在线元器件符号库、全局编辑能力及方便的电气规则检查功能，原理图编辑器界面如图 1-1 所示。

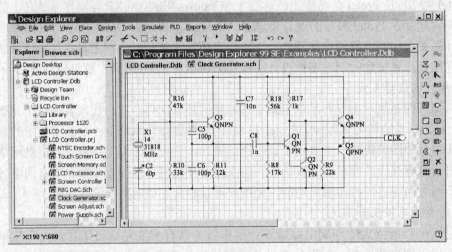

图 1-1　原理图编辑器界面

2. 印制电路板设计模块

该模块主要用于完成整个电子产品设计过程物理结构的设计，是电路设计工作的最终目的。它由印制电路板编辑器和元器件封装编辑器构成，提供了多种布局、布线方式、强大的设计自动化功能和灵活的电路板设计规则设置及规则检查等。印制电路板设计界面如图 1-2 所示。

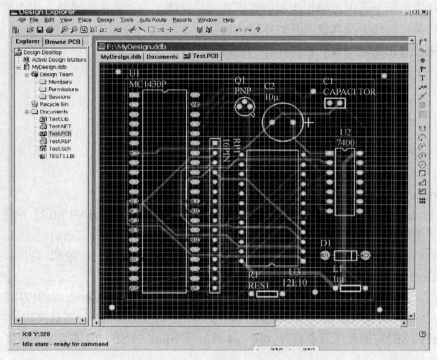

图 1-2　印制电路板设计界面

3. 电路仿真模块

该模块主要用于对设计的电路进行仿真测试，以初步验证电路功能是否能够实现。它具有一个十分强大的仿真器，可以完成多种电路分析。最常用的仿真是利用它提供的一些仿真模型库、信号源对电路进行瞬时仿真测试，可以使仿真结果以波形方式直观地显示出来，图 1-3 所示是电路仿真界面。

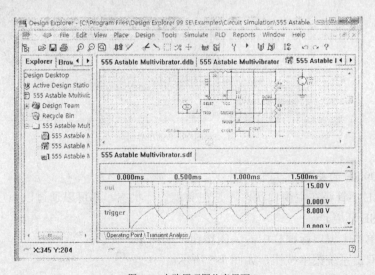

图 1-3　电路原理图仿真界面

4. 可编程逻辑设计模块

该模块主要用于通用可编程逻辑器件设计。它提供了一个文本编辑器，用于编译和显示仿真设计结果，它还支持其他的开发环境和语言。

本书主要介绍原理图设计模块和印制电路板设计模块。

1.2 Protel 99 SE 使用基础

1.2.1 Protel 99 SE 的启动和关闭

1. Protel 99 SE 的启动

安装 Protel 99 SE 之后，系统会在开始菜单和桌面上放置 Protel 99 SE 主程序的快捷方式。和大多数应用软件启动一样，Protel 99 SE 可以通过下面任一种方法启动。

方法一：在 Windows 桌面选择开始→程序→Protel 99 SE→Protel 99 SE 选项，即可启动 Protel 99 SE。

方法二：用户可以直接双击 Windows 桌面上 Protel 99 SE 的图标来启动应用程序。

方法三：用户可以直接双击 Windows 开始菜单中的 Protel 99 SE 的图标来启动应用程序。启动 Protel 99 SE 应用程序后会打开如图 1-4 所示的 Protel 99 SE 的主界面。

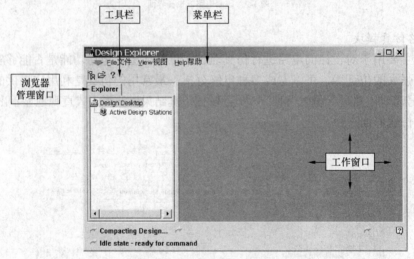

图 1-4 Protel 99 SE 的主界面

2. Protel 99 SE 的关闭

Protel 99 SE 不管是在主窗口状态还是在文档设计状态，都可以通过以下三种方法关闭，退出 Protel 99 SE 环境。

方法一：单击主窗口标题栏中的关闭按钮，如图 1-5 所示。

方法二：双击系统菜单按钮，如图 1-5 所示。

方法三：执行菜单 File→Exit 命令，可以关闭 Protel 99 SE，如图 1-6 所示。

系统菜单按钮

关闭按钮

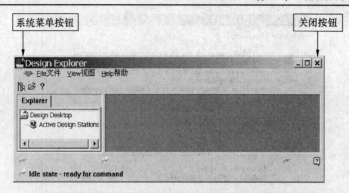

图 1-5　通过关闭按钮和系统菜单按钮关闭 Protel 99 SE

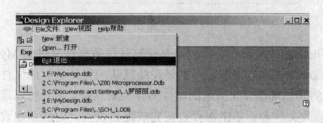

图 1-6　通过 Exit 菜单命令关闭 Protel 99 SE

1.2.2　设计数据库操作

由于 Protel 99 SE 采用设计数据库文件管理，所有与设计相关的文件如原理图文件、PCB 文件、元器件库文件等都包含在设计数据库文件中。有了设计数据库这个平台，所有的电路板设计工作都可以在这个平台上完成。这不仅便于管理而且增加了安全性。应该指出的是：设计数据库中的这些文件仍然是一个个独立的文件，文件类型往往通过文件扩展名加以区分，Protel 99 SE 的文件类型如表 1-1 所示。

表 1-1　　　　　　　　　　　　　**Protel 99 SE 的文件类型及其说明**

文件扩展名	文件类型说明	文件扩展名	文件类型说明
.abk	自动备份文件	.pld	可编程逻辑器件描述文件
.ddb	设计数据库文件	.txt	文本文件
.pcb	印制电路板图文件	.rep	生成的报表文件
.sch	原理图文件	.erc	电气规则测试报告文件
.lib	元器件库文件	XLS	元器件列表文件
.net	网络表文件	.XRF	交叉参考元器件列表文件
.prj	项目文件	.sdf	仿真波形文件

1. 新建设计数据库

（1）执行菜单 File→New Design 命令，系统弹出如图 1-7 所示的新建设计数据库对话框。

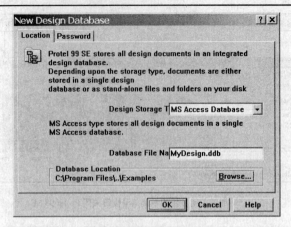

图 1-7　新建设计数据库对话框

（2）Database File Name 编辑框显示的是系统默认的数据库文件名 MyDesign.ddb。

（3）Database Location 选项下面显示的是系统默认的设计数据库文件存储的位置，单击 Browse..按钮，系统将弹出如图 1-8 所示的文件另存为对话框，用户可以选择为新建数据库文件选择存储路径并修改文件名。单击保存按钮完成路径设置，返回新建设计数据库对话框，存储路径将改为 F：。

（4）单击【OK】按钮，设计数据库文件 MyDesign.ddb 创建完毕，如图 1-9 所示。

图 1-8　文件另存为对话框

图 1-9　设计数据库文件管理窗口

新建的设计数据库在创建之后处于打开状态，同时被创建的还有设计组文件夹、回收站和一个 Documents 文件夹。设计组文件夹用于存放权限数据，它包括三个子文件夹，即 Mermbers、Permissions 和 Sessions ，如图 1-10 所示。现把三个文件夹简要说明如下。

图 1-10　设计组文件内容

① Mermbers 文件夹包含能够访问该数据库的成员列表。系统自带两个成员，一个是系统管理员（Admin），一个是客户（Guest）。用户创建设计数据库时，系统就默认用户是系统管理员，管理员可以增加或删除数据库的成员，也可以设置各成员进入数据库的密码。

② Permissions 文件夹包含各成员的权限列表，其中有只读（Read）、写入（Write）、删除（Delete）、创建（Create）四项。

③ Sessions 文件夹包含处于打开状态的属于该设计数据库的文件或文件夹的窗口名称列表，主要起说明作用。

回收站（Recycle Bin）用于存放临时性删除的文件，在下一节中还会讲到。而文件夹（Documents Folder）用于存放在设计过程中的各类文件，该文件夹是在设计中用的最多的。

2. 设计数据库文件的打开与关闭

（1）数据库文件的打开。打开数据库文件有三种方法。

方法一：打开数据库文件很简单，执行菜单 File→Open 命令或单击工具栏上的图标按钮，系统会弹出如图 1-11 所示的对话框，可以单击向上一级图标和转到访问的上一个文件夹图标来访问要打开的设计数据库文件所在的位置。在文件类型下拉列表中选择 Design files（*.ddb），可快速将所有的设计数据库显示出来，再选择要打开的设计数据库，单击打开按钮即可打开该数据库。

方法二：在 Protel 99 SE 的主界面窗口中，单击工具栏上的图标☞，随即弹出如图 1-11 所示的对话框，同样可以打开设计数据库文件。

方法三：在没有启动 Protel 99 SE 的情况下，只要知道数据库文件的位置，双击要打开的数据库文件图标或鼠标右键单击数据库文件，在弹出的下拉菜单中选择 Open 命令打开。

（2）设计数据库文件的关闭。在不关闭 Protel 99 SE 主界面的情况下，关闭设计数据库文件有以下三种方法。

方法一：执行菜单 File→Close Design 命令即可关闭当前设计的数据库文件，如图 1-12 所示。

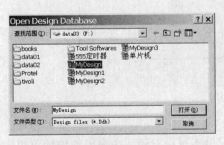

图 1-11　打开设计数据库文件

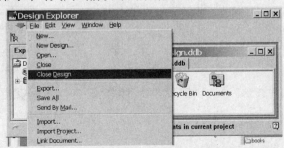

图 1-12　通过 Close Design 命令关闭设计数据库文件

　　方法二：直接单击如图 1-12 所示菜单栏上的 ✖ 按钮即可。注意如果关闭的是标题栏上的命令按钮，则关闭的是 Protel 99 SE 的主界面。

　　方法三：在文件编辑器窗口用鼠标右键单击 MyDesign.ddb 标签，在弹出的快捷菜单中选择 Close 命令，如图 1-13 所示。

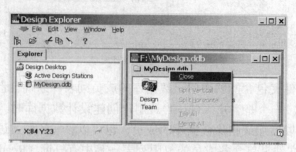

图 1-13　通过快捷菜单关闭设计数据库文件

　　当然也可以通过 File→Close 命令关闭当前正在设计的文件，每执行一次命令只能关闭一个文件，直到所有设计文件均已关闭，最后一次执行 File→Close 命令才能关闭当前设计数据库文件。

1.2.3　Protel 99 SE 的文件管理操作

　　Protel 99 SE 的文件管理主要是通过 File 菜单中的各命令来实现。

　　1. 新建设计文件

　　在新建的设计数据库中，可以建立多种类型的设计文件，具体步骤如下。

　　（1）为了方便文件管理，一般将所有设计文件放在设计数据库的专用文件夹中，所以双击工作窗口中 🗁 文件夹图标或鼠标右键单击图标，在弹出的快捷菜单中选择 Open 命令打开（Documents Folder）文件夹，如图 1-14 所示。

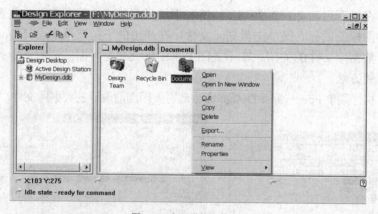

图 1-14　打开设计文件夹

　　（2）如图 1-15 所示，在工作窗口空白处任一位置单击鼠标右键，在弹出的快捷菜单中选择 New...命令或执行菜单命令 File→New，系统会自动弹出如图 1-16 所示的对话框，对话框提供了 10 种文件编辑器，各文件编辑器说明如表 1-2 所示。

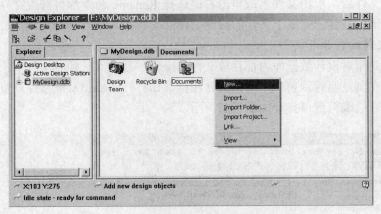

图 1-15　新建设计文件

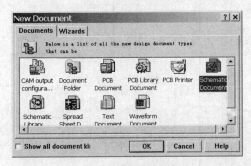

图 1-16　文件编辑器选择窗口

表 1-2　　　　　　　　　　　　　　Protel 99 SE 的编辑器类型

编辑器类型	功能
CAM output configuration	CAM 输出编辑器
Documents Folder	文件夹编辑器
PCB Document	印制电路板编辑器
PCB Library Document	PCB 元器件库编辑器
PCB Printer	PCB 输出打印编辑器
Schematic Document	原理图编辑器
Schematic Library	原理图元器件库编辑器
Spread Sheet Document	表格编辑器
Text Document	文本编辑器
Waveform Document	仿真波形编辑器

（3）选择新建文件编辑器类型后，单击 OK 按钮，或者双击文件编辑器类型图标，新的文件就会出现在（Documents Folder）文件夹中。

（4）选中文件后，单击文件名或单击右键选择 Rename 命令都可修改文件名，然后在窗口空白处单击鼠标左键就完成了文件的新建工作。

2. 设计文件的打开与关闭

打开文件是指对设计数据库内部存放文件的操作，有以下三种方法。

方法一：在浏览器管理窗口中单击文件图标。如打开 Sheetl.sch 文件只要单击该文件图标，文件即在右边编辑窗口打开如图 1-17 所示。

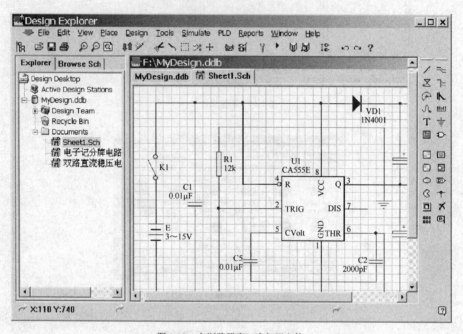

图 1-17　在浏览器窗口中打开文件

方法二：在左边工作窗口中双击文件图标。如果打开 Sheetl.sch 文件，只要双击 Sheet1.Sch 图标，文件即在右边编辑窗口打开。

方法三：在左边工作窗口中的文件图标上单击鼠标右键选择弹出菜单上的 Open 命令，也可以打开文件。

文件的关闭也是对设计数据库内部存放文件的操作，有以下三种方法。

方法一：执行 File→Close 菜单命令。

方法二：在文件编辑器窗口相应文件标签上单击鼠标右键，在弹出的快捷菜单中选择 Close 命令，如图 1-18 所示。

方法三：在浏览器窗口中鼠标右键单击要关闭的文件，在弹出的快捷菜单上选择 Close 命令也可关闭文件，如图 1-19 所示。

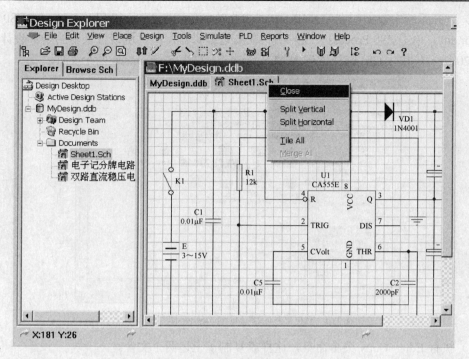

图 1-18　从切换标签上关闭文件

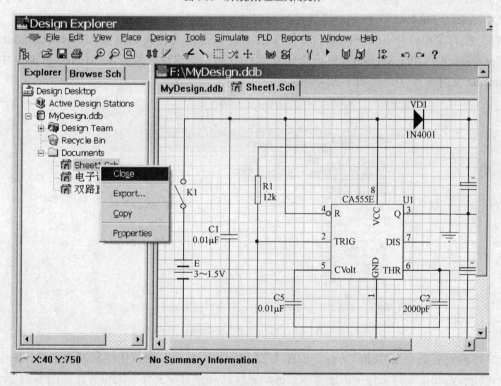

图 1-19　从浏览器中关闭设计文件

3. 文件的复制和粘贴

具体操作如下。

（1）打开系统中数据库文件 C:\Program Files\Design Explorer 99 SE\ Examples\Z80 Micro processor.ddb，单击 Z80 Processor 文件夹，在右边编辑器窗口显示该目录下的全部设计文件，如图 1-20 所示。按住 Ctrl 键依次选中 Memory.sch、CPU Section.sch 两个文件。

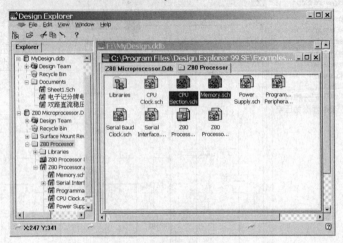

图 1-20　选中数据库 Z80 Microprocessor.ddb 中的文件

（2）执行 Edit→Copy 菜单命令，这样就复制了上述两个文件。

（3）在左边文件管理器窗口中单击 Mydesign.ddb 前的 "+" 号，展开设计数据库，再单击（Documents Folder）文件夹，这就是目标文件夹。

（4）执行菜单命令 Edit→Paste，如图 1-21 所示。系统文件夹 Z80 Microprocessor.ddb 中的 Memory.sch、CPU Section.sch 两个文件就被复制到新建设计数据库 Mydesign.ddb 中的 Documents 文件夹中了，如图 1-22 所示。

图 1-21　在目标文件夹窗口粘贴

文件的复制还有更简捷的方法，如图 1-23 所示，用鼠标左键按住待复制的文件，图中为 Power Supply.sch，此时文件呈阴影显示。拖动鼠标移动到目标文件夹的位置，如图 1-24 所示，这里选择的是 Mydesign.ddb 数据库中的（Documents Folder）文件夹，然后释放鼠标，完成了文件的复制，结果如图 1-25 所示。这种方法复制文件的缺点是要在浏览器管理窗口中同时打开源文件夹和目标文件夹。

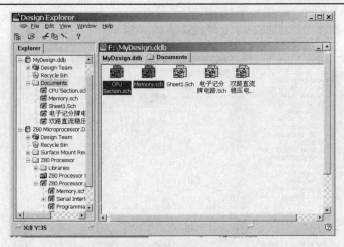

图 1-22　文件被复制到 Documents 文件夹中

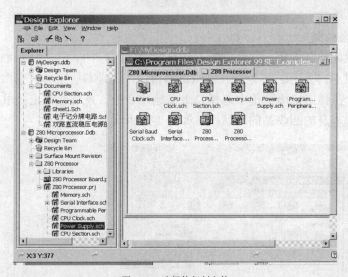

图 1-23　选择待复制文件

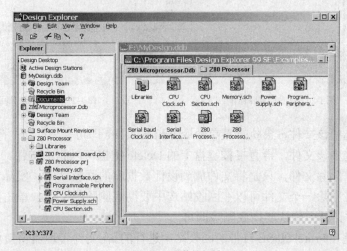

图 1-24　文件的复制

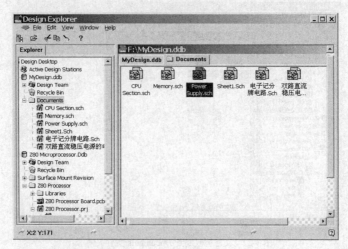

图 1-25 文件复制结果

4. 文件删除与恢复

删除文件必须先将其关闭，文件删除方法有三种。

方法一：如图 1-26 所示，不论在左侧浏览器窗口，还是右侧工作区窗口，只要鼠标右键单击选中的文件，在弹出快捷菜单中选择 Delete 删除命令，系统会弹出要求确认是否将该文件放入设计数据库本身的回收站的对话框，如图 1-27 所示。

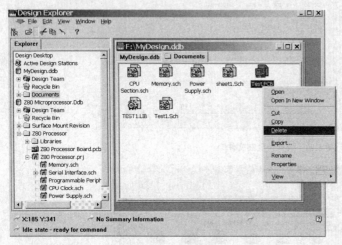

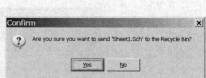

图 1-26 文件的删除操作   图 1-27 文件删除到回收站的确认对话框

方法二：先选中该文件，再执行菜单命令 Edit→Delete 即可。

方法三：先选中该文件，再直接按键盘上的 Delete 键也可以删除文件。

按照上述方法删除文件，只是将文件放到设计数据库的回收站中，实际上并没有真正删除掉。如果想彻底删除一个文件可以在回收站选中要彻底删除的文件，单击鼠标右键，选择 Delete 在弹出的对话框中确认要彻底删除即可。

文件的恢复是在 Protel 99 SE 自带的回收站中进行的。在文件管理器窗口单击 Recycle Bin 回收站文件夹，在右侧窗口会显示被删除到回收站的文件，如图 1-28 所示，只要在所需恢复的文件上单击右键，选择菜单命令 Restore 即可。

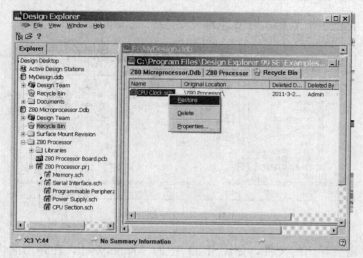

图 1-28　文件的恢复

5. 文件的导入

如果我们要在 Protel 99 SE 中使用其他 EDA 设计软件的文件或者 Protel 以前版本的文件就需要将其导入到 Protel 99 SE 的设计数据库中。现在以将 E 盘中的功率放大器.sch 文件导入到新建的设计数据库文件中为例介绍导入一个文件的操作步骤。

（1）打开新建设计数据库文件 Mydesign.ddb 及其内的 Documents 文件夹，目标文件夹里有六个文件，执行菜单命令 File→Import...命令，或在工作窗口空白处单击鼠标右键，在弹出的快捷菜单中选择 Import...命令，如图 1-29 所示。

（2）在弹出的对话框中选择要导入的文件，如图 1-30 所示。

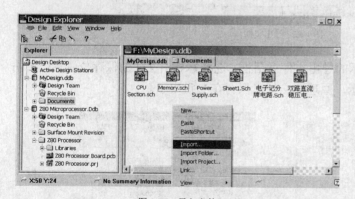

图 1-29　导入文件

图 1-30　选择导入的文件

（3）单击打开按钮，结果如图 1-31 所示，可以看到该文件已导入到设计数据库中，此时该文件已经属于 Mydesign.ddb 库文件夹的一部分了，用户可以按照普通文件的操作方法对其进行操作。原来的文件仍旧存在。

6. 文件的导出

如果要将 Protel 99 SE 设计数据库中的文件单独拿到其他计算机上编辑，则需要将文件导出。文件的导出与导入操作相似，其步骤如下。

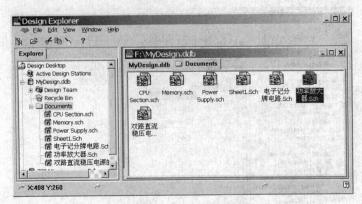

图 1-31　新导入的原理图文件

（1）右键单击要导出的文件，如图 1-32 中的 Memory.sch，在弹出的快捷菜单中选择 Export...命令，如图 1-32 所示。或先选中要导出的文件，再执行 File→Export...命令。

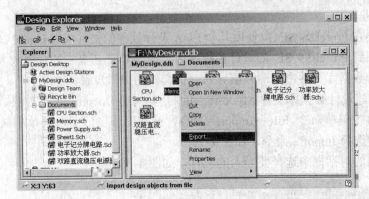

图 1-32　导出文件

（2）系统会弹出如图 1-33 所示的导出文件对话框，选择好导出文件的保存位置后，单击保存按钮确定，结果如图 1-34 所示，原理图文件已保存在 E 盘中了。

图 1-33　导出文件对话框

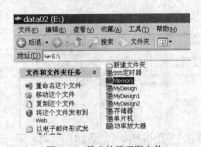

图 1-34　导出的原理图文件

可见，导出文件实际上只是复制一份相同的文件到外部指定的位置，并不是将该文件从设计数据库中删除。

本 章 小 结

　　本章介绍了 Protel 99 SE 软件的组成和功能以及设计数据库文件的建立、关闭和打开方法。在设计数据库内部的文件管理中，以新建的设计数据库为例重点介绍文件的导入、导出、复制、粘贴、删除的操作。

　　通过本章学习，希望读者能掌握 Protel 99 SE 的使用基础知识。

练 习 题

　　1．Protel 99 SE 包含哪几个基本组件？分别说明其功能。

　　2．说明 Protel 99 SE 的主窗口界面基本组成部分的含义。

　　3．创建一个名为 MyDesign.ddb 的设计数据库，并将其导出到自己新建的 MyDoc 文件夹中。

　　4．说明设计管理器的功能及打开、关闭方法。

　　5．Protel 99 SE 文件管理采用设计数据库文件管理方式有什么好处？

　　6．在 Protel 99 SE 中彻底删除一个文件需要如何操作。

第 2 章　原理图设计

Protel 99 SE 的主要特点之一就是有一个功能强大的原理图编辑器，使用简单、方便、实用。

2.1　原理图编辑器界面介绍

按照第 1 章介绍的方法，新建一个设计数据库（.ddb 文件），在该设计数据库中新建一个原理图文件（.sch 文件），并将其打开。

2.1.1　主菜单

原理图编辑器界面如图 2-1 所示。

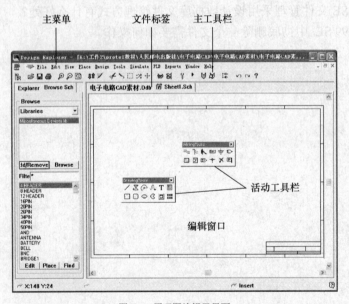

图 2-1　原理图编辑器界面

在原理图编辑器主菜单中有 11 个菜单命令，分别介绍如下。

File：文件菜单，完成与文件有关的操作。如新建、打开、关闭、打印文件等。

Edit：编辑菜单，完成编辑方面的操作。如复制、剪切、粘贴、选择、移动、拖动、查找、替换等。

View：视图菜单，完成显示方面的操作。如编辑窗口中显示内容的放大与缩小、工具栏的显示与关闭、状态栏和命令栏的显示与关闭等。

Place：放置菜单，完成在原理图编辑器窗口放置各种对象的操作。如放置元器件符号、电源接地符号、绘制导线等。

Design：设计菜单，完成元器件符号库的管理、网络表文件生成、电路图设置、层次原理图设计等操作。

Tools：工具菜单，完成 ERC 检查、元器件编号、原理图编辑器环境参数设置等操作。

Simulate：仿真菜单，完成与模拟仿真有关的操作。

PLD：PLD 菜单，如果电路中使用了 PLD 的元器件，可实现 PLD 方面的功能。

Reports：报表菜单，完成根据原理图产生各种报表的操作，如元器件清单、网络比较表、项目层次表等。

Window：窗口菜单，完成窗口管理的各种操作。

Help：帮助菜单。

菜单命令的快捷键：菜单命令中带有下划线的字母即为该命令对应的快捷键。如 Place →Part，其操作可简化为依次按两下【P】键；Edit →Select →All，其操作可简化为依次按【E】键、【S】键、【A】键，其余同理。

在原理图文件的编辑窗口，单击鼠标右键，可调出快捷菜单，其中列出了一些常用的菜单命令，读者可自行查看。

主菜单命令包含了原理图编辑器的所有功能，我们将在后续章节中通过具体实例介绍有关命令的使用方法。

2.1.2 主工具栏

主工具栏如图 2-1 所示。主工具栏中的每一个图标，都对应一个具体的菜单命令。表 2-1 中列出了这些图标的功能及其对应的菜单命令。

表 2-1 主工具栏图标功能

按　　钮	功　　能
	切换显示文档管理器，对应于 View →Design Manager
	打开文档，对应于 File →Open
	保存文档，对应于 File →Save
	打印文档，对应于 File →Print
	画面放大，对应于 View →Zoom In
	画面缩小，对应于 View →Zoom Out
	显示整个文档，对应于 View →Fit Document
	层次原理图的层次转换，对应于 Tools →Up/Down Hierarchy
	放置交叉探测点，对应于 Place →Directives →Probe
	剪切选中对象，对应于 Edit →Cut
	粘贴操作，对应于 Edit →Paste

续表

按　　钮	功　　能
⬚	选择选项区域内的对象，对应于 Edit →Select →Inside
✕	撤销选择，对应于 Edit →Deselect →All
✛	移动选中对象，对应于 Edit →Move →Move Selection
🔲	打开或关闭绘图工具栏，对应于 View →Toolbar →Drawing Tools
🔲	打开或关闭布线工具栏，对应于 View →Toolbar →Wiring Tools
Ⴤ	仿真分析设置，对应于 Simulate →Setup
▶	运行仿真器，对应于 Simulate →Run
📖	加载或移去元器件符号库，对应于 Design →Add/Remove Library
📖	浏览已加载的元器件符号库，对应于 Design →Browse Library
I⁑	增加复合式元器件符号的单元号，对应于 Edit →Increment Part
↶	取消上次操作，对应于 Edit →Undo
↷	恢复取消的操作，对应于 Edit →Redo
?	激活帮助，对应于 Help →Contents

主工具栏的打开与关闭可通过执行菜单命令 View→Toolbars→Main Tools，该命令是一个开关，每执行一次主工具栏就从原来的状态（打开或关闭）转换为另一种状态（关闭或打开）。

2.1.3　活动工具栏

在原理图编辑器中，Protel 99 SE 提供了各种活动工具栏，有效地利用这些工具栏可以使设计工作更加方便、灵活，使操作更加简便。

1. Wiring Tools 工具栏

Wiring Tools 工具栏提供了原理图中各种电气对象的放置命令，如图 2-2 所示。

打开或关闭 Wiring Tools 工具栏的方法如下。

第一种方法：执行菜单命令 View →Toolbars →Wiring Tools。

第二种方法：单击主工具栏中的🔲按钮。

2. Drawing Tools 工具栏

Drawing Tools 工具栏提供了绘制原理图中所需要的各种图形，如直线、曲线、多边形、文本等的操作，如图 2-3 所示。

打开或关闭 Drawing Tools 工具栏的方法如下。

第一种方法：执行菜单命令 View →Toolbars →Drawing Tools。

第二种方法：单击主工具栏中的🔲按钮。

3. Power Objects 工具栏

Power Objects 工具栏提供了在绘制电路原理图中常用的电源和接地符号，如图 2-4 所示。

打开或关闭 Power Objects 工具栏的方法：执行菜单命令 View →Toolbars →Power Objects。

4．Digital Objects 工具栏

Digital Objects 工具栏提供了一些常用的数字元器件符号，如图 2-5 所示。

图 2-2　Wiring Tools 工具栏　　图 2-3　Drawing Tools 工具栏　　图 2-4　Power Objects 工具栏　　图 2-5　Digital Objects 工具栏

打开或关闭 Digital Objects 工具栏的方法：执行菜单命令 View →Toolbars →Digital Objects。

2.1.4　画面显示状态调整

1．放大画面

刚打开的原理图文件画面很小，可通过屏幕放大的操作来改变画面显示比例。

执行菜单命令 View →Zoom In 或按【Page Up】键或在主工具栏中单击图标。

2．缩小画面

执行菜单命令 View →Zoom Out 或按【Page Down】键或在主工具栏中单击图标。

3．改变画面显示比例

执行菜单命令 View，在下一级菜单中直接选择显示比例即可。

4．显示全部内容

执行菜单命令 View →Fit All Objects 则图纸上的全部内容都显示在编辑窗口中间。

5．放大指定区域

以将图 2-1 中图纸标题栏放大到屏幕中间为例介绍操作步骤。

执行菜单命令 View →Area，用十字光标在标题栏的一个顶点外侧单击鼠标左键，移动光标到另一对角线位置，此时光标画出一个虚线框，将标题栏全部框在虚线框内后，在对角线位置单击鼠标左键（确定放大区域）如图 2-6 所示，则标题栏放大到充满编辑窗口。

图 2-6　放大指定区域操作

6．刷新画面

如果在操作过程中画面出现扭曲现象，可执行菜单命令 View →Refresh 或按【End】键，对画面进行刷新。

注：【Page Up】、【Page Down】、【End】键在任何时候都有效。

7. Design Explore 管理器的切换

当编辑窗口不够大时，可以通过关闭图 2-1 中左侧的 Design Explore 管理器窗口扩大编辑窗口。

操作方法：执行菜单命令 View→Design Manager 或单击主工具栏上的 图标，可以打开或关闭 Design Explore 管理器。

8. 状态栏、命令栏的切换

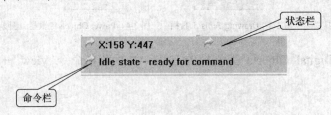

图 2-7　状态栏和命令栏

（1）状态栏。

状态栏用来显示光标的当前位置。

操作方法：执行菜单命令 View→Status Bar 在命令前划√表示打开。

（2）命令栏。

命令栏用来显示当前正在执行的命令。

操作方法：执行菜单命令 View→Command Status 在命令前划√表示打开。

2.1.5　图纸设置

图纸设置是绘制电路图的第一步，应该根据实际电路的大小选择合适的图纸。

1. Document Options 对话框

图纸设置主要在 Document Options 对话框中进行。

调出 Document Options 对话框的操作方法是：执行菜单命令 Design →Options，或在图纸区域内单击鼠标右键，在弹出的快捷菜单中选择 Document Options，系统弹出 Document Options 对话框，如图 2-8 所示。

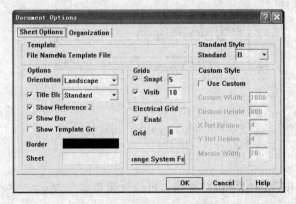

图 2-8　Document Options 对话框

2. 关于图纸的设置

图纸的大小与形状等是在 Document Options 对话框的 Sheet Options 选项卡中进行设置。

图纸的单位是 mil，1 mil = 1 / 1000 英寸 = 0.0254mm。

（1）设置图纸尺寸。

在图 2-8 的 Standard Style 区域中设置图纸尺寸。

用鼠标左键单击 Standard 旁边的下拉按钮，可从中选择图纸的大小。

如果系统提供的图纸尺寸规格不符合要求，也可进行自定义设置。在图 2-8 的 Custom Style 区域中设置自定义图纸尺寸。

操作方法是：在该区域中首先选中 Use Custom 选项，如图 2-9 所示，再进行其他尺寸设置。

区域中的内容说明如下：

Custom Width：设置图纸宽度；

Custom Height：设置图纸高度；

X Ref Region：设置 X 轴框参考坐标刻度；

Y Ref Region：设置 Y 轴框参考坐标刻度；

Margin Width：设置图纸边框宽度。

（2）设置图纸方向。

在图 2-8 的 Options 区域中设置图纸方向，如图 2-10 所示。

Orientation：设置图纸方向，有两个选项，如图 2-11 所示。

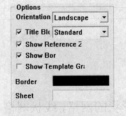

图 2-9　自定义图纸设置　　　　图 2-10　Options 选项区域　　　　图 2-11　设置图纸方向

Landscape：水平放置；Portrait：垂直放置。

（3）设置图纸颜色。

图纸的颜色是在 Document Options 对话框的 Options 区域中设置，如图 2-10 所示。

Border Colors：图纸边框颜色。

Sheet Colors：图纸底色。

单击以上标题旁边的颜色框，即可进行相应内容的颜色设置。

（4）设置图纸边框。

图纸边框的显示与否是在 Document Options 对话框的 Options 区域中设置，如图 2-10 所示。

Show Reference Zone：显示图纸参考边框，选中则显示。

Show Border：显示图纸边框，选中则显示。如图 2-12 所示为图纸边框和参考边框的显示效果。

（5）设置图纸标题栏。

图纸标题栏的类型、显示与否是在 Document Options 对话框的 Options 区域中设置，如图 2-10 所示。

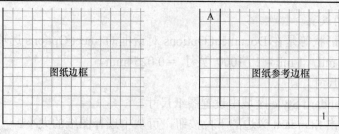

图 2-12　图纸边框和参考边框

Title Block：设置图纸标题栏，有两个选项。

Standard：标准型模式，ANSI：美国国家标准协会模式，如图 2-13 所示。

选中图 2-13 中 Title Block 前的复选框，则显示标题栏，否则不显示。　图 2-13　设置图纸标题栏

如图 2-14、图 2-15 所示分别为两种标题栏。

图 2-14　Standard 标题栏

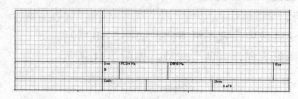

图 2-15　ANSI 标题栏

3. 图纸的栅格设置

（1）网格设置。

Protel 99 SE 提供了两种不同形状的网格，线状网格（Lines Grid）和点状网格（Dot Grid）。网格设置的操作步骤如下。

① 执行菜单命令 Tools →Preference，系统弹出 Preference 对话框。

② 在 Graphical Editing 选项卡中单击 Cursor/Grid Options 区域中 Visible 选项的下拉箭头，从中选择网格的类型，如图 2-16 所示。

③ 设置完毕单击【OK】按钮。

（2）图纸栅格尺寸。

图纸的栅格尺寸是在 Document Options 对话框的 Grids 区域中设置，如图 2-17 所示。

Snap On：锁定栅格，即光标一次移动的距离。选中此项表示光标移动时以 Snap On 右边的设置值为单位。

Visible：可视栅格，屏幕上实际显示的栅格尺寸。选中此项表示栅格可见，栅格的尺寸为 Visible 右边的设置值。

锁定栅格和可视栅格是相互独立的。

如图 2-17 所示为系统默认值，一般可以将 Snap On 设置为 5，Visible 仍为 10，这样设置的效果是光标一次移动半个栅格，在绘制原理图的过程中，会发现这样设置的方便之处。

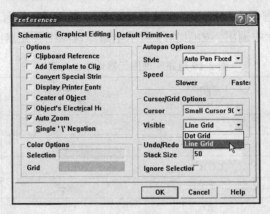

图 2-16　设置图纸网格

（3）电气栅格。

图纸的电气栅格是在 Document Options 对话框的 Electrical Grid 区域中设置，如图 2-18 所示。

图 2-17　图纸栅格设置　　　　　　图 2-18　电气栅格设置

Electrical Grid：电气节点。若选中区域中的 Enable 选项，系统在连接导线时，以光标位置为圆心，以 Grid 栏中的设置值为半径，自动向四周搜索电气节点，当找到最接近的节点时，就会将光标自动移到此节点上，并在该节点上显示一个圆点，此项一般选中。

2.2　绘制简单原理图

本节通过绘制如图 2-19 所示的电路原理图，介绍绘制原理图的基本步骤。

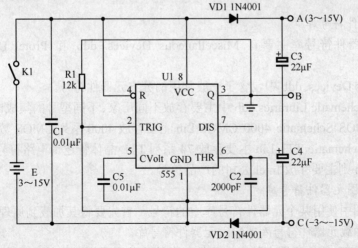

图 2-19　电路原理图

这里所说的简单原理图不仅指电路中的元器件符号少，而且所有元器件符号均可直接从系统提供的元器件符号库中调出。如图 2-19 所示电路原理图中各元器件的属性如表 2-2 所示。

表 2-2　　　　　　　　　　图 2-19 电路原理图元器件属性列表

LibRef （元器件名称）	Designator （元器件标号）	Comment （元器件标注）	Footprint （元器件封装）
SW-SPST	K1		SIP2
BATTERY	E	3～15V	SIP2
CAP	C1、C5	0.01μF	RAD0.2
CAP	C2	2000pF	RAD0.2
RES2	R1	12k	AXIAL0.4
DIODE	VD1、VD2	IN4001	DIODE0.4
555	U1	555	DIP8
ELECTRO1	C3、C4	22μF	RB.2/.4

其中

555 元器件符号在 Protel DOS Schematic Libraries.ddb

其余元器件符号在 Miscellaneous Devices.ddb

2.2.1　原理图元器件符号库

1. 原理图元器件符号库简介

在 Protel 99 SE 软件中绝大部分元器件符号都无需自己绘制，这些符号按生产厂家或电气特性分类存放在不同的元器件符号库中，这些元器件符号库都存放在 Protel 99 SE 的安装路径下，只要调出即可使用。

原理图元器件符号库的扩展名是.ddb。此.ddb 文件是一个容器，它可以包含一个或几个具体的元器件库文件，这些包含在.ddb 文件中的具体元器件库的扩展名是.Lib。

原理图元器件符号库在系统中的存放路径是 \Program Files\Design Explorer 99 SE\Library\Sch。

2. 常用元器件符号库

常用分立元器件符号库主要有 Miscellaneous Devices. ddb 和 Protel DOS Schematic Libraries.ddb。

Miscellaneous Devices. ddb 中包含了一般常用的分立元器件符号。

Protel DOS Schematic Libraries.ddb 中主要存放不同厂家、不同型号的集成电路芯片符号。如其中的 Protel DOS Schematic 4000 CMOS.Lib 主要存放 4000 系列 CMOS 数字集成电路符号，Protel DOS Schematic TTL.Lib 主要存放 74 系列 TTL 晶体管逻辑电路符号，Protel DOS Schematic Intel.Lib 则主要存放 Intel 公司的产品符号。

3. 加载原理图元器件符号库

若要在原理图中使用某个元器件符号库中的符号，首先要将其加载到原理图编辑器中，这个操作被称为加载元器件符号库或装入元器件符号库。

在 Protel 99 SE 的原理图文件中，系统已默认加载了常用元器件符号库 Miscellaneous

Devices.ddb，如图 2-1 所示。从表 2-2 中可知，如图 2-19 所示电路中的大部分元器件符号都在 Miscellaneous Devices.ddb 中，只有 555 元器件符号在 Protel DOS Schematic Libraries.ddb 中，所以在画图之前首先要加载 Protel DOS Schematic Libraries.ddb。

　　在原理图文件中执行菜单命令 Design →Add/Remove Library 或单击主工具栏中的加载元器件符号库图标▥或在原理图编辑器的管理窗口中单击【Add/Remove】按钮，如图 2-20 所示。系统弹出 Change Library File List（加载或移出元器件库）对话框，在对话框中选择 Protel DOS Schematic Libraries.ddb，如图 2-21 所示。单击【Add】按钮，所选元器件符号库文件名出现在 Selected Files 显示框内如图 2-22 所示。单击【OK】即加载成功，此时在原理图管理器窗口的元器件符号库文件列表区中显示 Protel DOS Schematic Libraries.ddb 内部包含的所有扩展名为.Lib 的文件，如图 2-23 所示。

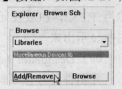

图 2-20　在原理图编辑器管理窗口单击【Add/Remove】按钮

图 2-21　在对话框中选择 Protel DOS Schematic Libraries.ddb

图 2-22　Protel DOS Schematic Libraries.ddb 文件名出现在 Selected Files 显示框内

图 2-23　在原理图管理器窗口显示的 Protel DOS Schematic Libraries.ddb 文件

2.2.2　放置元器件符号

1．调整图纸画面大小

刚打开的原理图文件画面很小，需要进行调整。

在原理图图纸上单击鼠标左键，使光标聚焦到图纸上，按【Page Up】键直到画面上显示栅格。如果图纸已能看到栅格，可省略这一步。

2. 元器件符号属性

Protel 99 SE 对原理图元器件符号设置了四个属性，分别介绍如下。

（1）Lib Ref（元器件名称）。

元器件符号在元器件符号库中的名字。如表 2-2 所示中电阻符号在元器件符号库中的名称为 RES2，在放置元器件符号时必须输入，否则系统找不到该元器件符号，但不会在原理图中显示出来。

（2）Designator（元器件标号）。

元器件符号在原理图中的序号，如 R1、C1 等。每个元器件符号必须有标号，且不能相同。也可以先使用系统默认的标号如 R? 等，所有元器件符号均放置完毕后再使用系统的自动安排元器件标号的功能统一安排元器件标号。

（3）Comment（元器件标注）。

如电阻阻值、电容容量、集成电路芯片型号等。如果不进行仿真可不输入，如表 2-2 所示中的 K1。

在输入元器件符号标注时应注意，最好不要输入 Ω、μ 等全角符号。对于电阻阻值，如果单位是 Ω 可以不写，对于电容容量可用小写的 u 代替 μ。

这一点与国标的要求不一致，请读者注意。

（4）Footprint（元器件封装）。

元器件的外形名称，元器件的封装主要用于印制电路板图，这一属性值在原理图中不显示。如果绘制的原理图需要转换成印制电路板图，在元器件符号属性中必须输入该项内容。关于元器件封装的概念将在第 6 章中介绍。

3. 放置元器件符号

由于 Protel 99 SE 对原理图元器件符号定义了四个属性，在放置元器件符号前应首先确定这四个属性，特别是元器件名称 Lib Ref。但是对于初学者，往往不清楚符号的元器件名称，为方便读者学习，本书涉及的原理图均配有元器件符号属性列表如表 2-2 所示。

放置元器件符号的方法有多种，本书只介绍其中两种方法。

第一种方法（以放置无极性电容 C1 为例）：

① 执行菜单命令 Place →Part 或按两下【P】键或在 Wiring Tools 工具栏中单击放置元器件符号图标，系统弹出 Place Part 放置元器件符号对话框；

② 将表 2-2 中 C1 的属性值分别输入到各自属性旁边的文本框中，如图 2-24 所示。单击【OK】按钮光标变成十字形，且元器件符号随光标移动；

③ 此时可按【空格】键旋转方向，按【X】键进行水平翻转，按【Y】键进行垂直翻转，确定方向后，在适当位置单击鼠标左键放置好一个电容符号。此时仍有一个电容符号随光标移动，可继续

图 2-24 Place Part 放置
元器件符号对话框

放置，如果单击鼠标右键则继续弹出 Place Part 对话框，重复上述步骤放置其他元器件符号，单击【Cancel】按钮退出；

④ 如果元器件符号放置后仍需移动或改变方向，可在元器件符号上按住鼠标左键拖动。在元器件符号上按住鼠标左键后按【空格】键旋转方向，按【X】键进行水平翻转，按【Y】

键进行垂直翻转，以改变方向。

按照同样的方法可以放置其他元器件符号。

以上放置元器件符号的方法虽然操作方便，但在实际使用时必须注意在输入元器件符号名称 Lib Ref 时一个字符都不能错，否则系统将提示找不到该元器件符号。

下面以放置电池符号 E 为例介绍另一种方法。

① 在图 2-23 中选择 Miscellaneous Devices.Lib（E 所在元器件符号库）；

② 在左边管理器窗口的 Filte 中输入 b*（BATTERY 的开头字母）按回车键，则在元器件符号浏览区中显示所有 b 开头的元器件符号，如图 2-25 所示；

③ 从列表中选择 BATTERY，单击【Place】按钮，光标变成十字形，且元器件符号随光标移动。以下可按照第一种方法中"③"介绍的方法做放置元器件符号的操作。

这种方法的优点是查找速度快，而且不必输入元器件符号的全部名称，避免由于名称输入错误找不到符号，但前提是必须知道元器件符号所在的元器件符号库。

图 2-25　在元器件符号浏览区中
显示所有 b 开头的元器件符号

4. 编辑已放置好的元器件符号

（1）移动元器件符号。

如果元器件符号已放置在图纸上但位置不合适，可在元器件符号上按住鼠标左键并拖动。

（2）改变元器件符号方向。

在已放置好的元器件符号上按住鼠标左键，再按【空格】键、【X】键或【Y】键可改变方向。

（3）移动元器件符号的标号或标注。

对于已放置好的元器件符号，有时其标号或标注的位置不合适，需单独移动。移动方法是在元器件符号的标号或标注上按住鼠标左键并拖动。

注意：是在元器件符号的标号或标注上按住鼠标左键，不是在元器件符号上按住鼠标左键。

（4）改变元器件符号的标号或标注方向。

在元器件标号或标注上按住鼠标左键，再按【空格】键、【X】键或【Y】键。

（5）编辑元器件符号属性。

双击元器件符号，在弹出的属性对话框中进行修改，操作方法如图 2-24 所示。

2.2.3　绘制导线

在绘制导线前，应将元器件符号按照图 2-19 所示放置到适当位置，如图 2-26 所示。

放置元器件符号时应注意电阻 R1 上方引脚的端点不应与 U1 第 8 引脚的端点在同一水平线上，原因是 R1 与 U1 的第 8 引脚不相连。

① 执行菜单命令 Place→Wire 或在 Wiring Tools 工具栏中单击放置导线图标 ，光标变为十字形，当十字光标中心放在元器件符号引脚端点时，在光标中心有一个大黑点，如图 2-27 所示。

② 单击鼠标左键确定导线的起点。

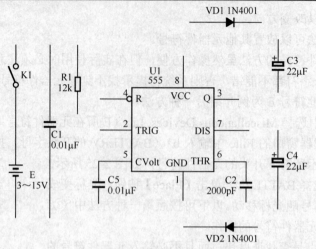

图 2-26 将元器件符号放置到适当位置

③ 拖动光标在需要拐弯的位置单击鼠标左键，继续拖动光标在电阻 R1 下方引脚的端点处单击鼠标左键，再单击鼠标右键，完成从 U1 第 2 引脚到电阻 R1 之间的连接，如图 2-28 所示。

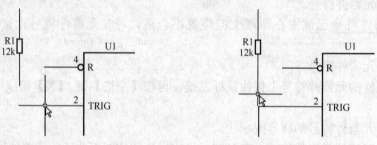

图 2-27 在元器件符号引脚端点处确定导线起点   图 2-28 绘制导线时的情况

④ 此时仍处于画线状态，将光标移至其他位置可继续绘制其他导线，也可单击鼠标右键退出画线状态。

特别提示：

① 在 Protel 软件中导线具有电气意义，切不可用普通直线代替。

② 绘制导线时，导线上不应有多余节点。多余节点产生的主要原因是导线与导线或导线与元器件符号引脚重叠。

③ 避免出现多余节点的方法是在绘制导线状态下，将光标移至元器件符号引脚或另一导线的端点处、光标中心出现大黑点时单击鼠标左键，则不会产生多余节点。这种现象是因为在如图 2-8 所示的 Document Options 对话框中选中了 Electrical Grid 电气栅格选项 Enable，如果未启动电气栅格，不会出现上述现象。

④ 对于多余节点不应简单删除，应找出产生的原因，从根本上加以消除。

2.2.4　放置电源和接地符号

以放置图 2-19 中接地符号为例。

① 执行菜单命令 Place →Power Port 或在 Wiring Tools 工具栏中单击电源符号图标 ⯑，则一个电源（接地）符号粘在光标上随光标移动。

② 按【Tab】键，弹出 Power Port 电源符号属性对话框，如图 2-29 所示。

在图 2-29 中，

Net：电源、接地符号的网络标号，如电源符号中的 VCC、+5V 等，对于接地符号在本教材中一定要输入 GND，无论其是否显示。

Style：电源、接地符号的各种显示形式，单击右侧的下拉按钮，显示电源、接地符号形式列表，如图 2-30 所示为各种选项的显示形式。

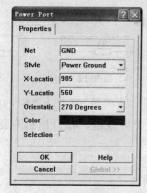

图 2-29　Power Port 电源、接地符号属性对话框

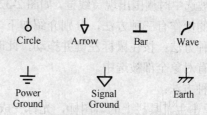

图 2-30　电源/接地符号的各种显示形式

Color：电源、接地符号的显示颜色，单击 Color 旁的颜色块，在弹出的调色板中选择所需颜色即可。

③ 在属性对话框中进行如下设置。

在 Net 中输入 GND，单击 Style 旁的下拉按钮，从中选择 Power Ground，单击【OK】按钮。

如果是电源或输出符号（V+、V-、Vo 等），则在 Net 中输入相应的名称，在 Style 中选择 Circle。

注意：无论是电源、接地、输入、输出符号，符号中的 Net 值不能为空，特别是如果该原理图需要转换成印制电路板图时。

④ 按【空格】键旋转方向，单击鼠标左键进行放置，单击鼠标右键退出放置状态。

图 2-19 中三个输出符号 A（3～15V）、B、C（-3～-15V）在 Power Port 电源符号属性对话框中的设置（以 A（3～15V）为例）如图 2-31 所示。

按以上操作方法放置所有输出符号。

至此，一张简单原理图绘制完毕。

注：图 2-19 中使用的 555 元器件符号是直接从元器件符号库中调出的，其引脚排列与电路逻辑关系不太一致，因此图面显得有些凌乱，这一问题将在第 4 章中解决。

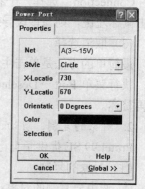

图 2-31　输出符号 A（3～15V）的设置

2.2.5 对象的复制、粘贴、删除和移动

1. 对象的聚焦与选择

（1）对象的聚焦。

对象的聚焦即对象处于获取焦点的状态。

对象被聚焦时，周围出现虚线框，如图 2-32（a）所示。同一时刻只能有一个对象获取焦点。

操作方法：在对象上单击鼠标左键。

取消聚焦状态：在聚焦对象以外的任何地方，单击鼠标左键。

（2）选择对象。

选择对象与聚焦对象是相互独立的。

对象被选中时周围出现黄线框，如图 2-32（b）所示。

选择的操作有三种方法，分别介绍如下。

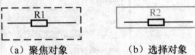

（a）聚焦对象　　　　　（b）选择对象

图 2-32　对象的聚焦与选择

第一种方法：按住鼠标左键并拖动，此时屏幕出现一个虚线框，松开鼠标左键后，虚线框内的所有对象全部被选中。

第二种方法：

① 单击主工具栏上的▦图标，光标变成十字形；

② 在适当位置单击鼠标左键，确定虚线框的一个顶点；

③ 在虚线框另一对角线位置单击鼠标左键确定另一顶点。

则虚线框内的所有对象全部被选中。

第三种方法：执行菜单命令 Edit →Selection，在下一级菜单中选择有关命令。

菜单中各命令解释如下。

Inside Area：选择区域内的所有对象，同第一、二种方法。

Outside Area：选择区域外的所有对象，操作同上，只是选择的对象在区域外面。

All：选择图中的所有对象。

Net：选择某网络的所有连接。执行命令后，光标变成十字形，在要选择的网络导线上或网络标号上单击鼠标左键，则该网络的所有导线和网络标号全部被选中。

Connection：选择一个物理连接。执行命令后光标变成十字形，在要选择的一段导线上单击鼠标左键，则与该段导线相连的导线均被选中。

（3）取消选择。

最简单的方法是单击主工具栏上的取消选中状态图标▨，则所有选中状态被取消。

执行菜单 Edit →Deselect 中的各命令，也可以取消选中状态。其操作与选择的操作类似，不再赘述。

2. 对象的复制、剪切、粘贴

Protel 99 SE 提供了自己的剪贴板，对象的复制、剪切、粘贴都在其内部的剪贴板上进行。

（1）对象的复制。

① 选中要复制的对象；

② 执行菜单命令 Edit →Copy，光标变成十字形；

③ 在选中的对象上单击鼠标左键，确定参考点。此时选中的内容被复制到剪贴板上。参考点的作用是确定进行粘贴时的基准点。

（2）对象的剪切。

① 选中要剪切的对象；

② 执行菜单命令 Edit →Cut，光标变成十字形；

③ 在选中的对象上单击鼠标左键，确定参考点。此时选中的内容被复制到剪贴板上，与复制不同的是选中的对象也随之消失。

（3）对象的粘贴。

① 接复制或剪切操作；

② 单击主工具栏上的粘贴图标，或执行菜单命令 Edit →Paste，光标变成十字形，且被粘贴对象处于浮动状态粘在光标上；

③ 在适当位置单击鼠标左键，完成粘贴。

（4）阵列式粘贴。

阵列式粘贴可以完成同时粘贴多次剪贴板内容的操作。

① 接复制或剪切操作；

② 单击 Drawing Tools 工具栏的按钮，或执行菜单命令 Edit →Paste Array，系统弹出 Setup Paste Array 设置对话框，如图 2-33 所示；

③ 设置好对话框的参数后，单击【OK】按钮；

④ 此时光标变成十字形，在适当位置单击鼠标左键，则完成粘贴。

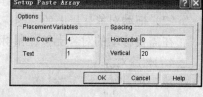

图 2-33　Setup Paste Array 设置对话框

Setup Paste Array 对话框中各选项含义如下。

Item Count：要粘贴的对象个数。

Text：元器件序号的增长间隔。

Horizontal：粘贴对象的水平间距。

Vertical：粘贴对象的垂直间距。

如图 2-34 所示为阵列式粘贴的操作过程。

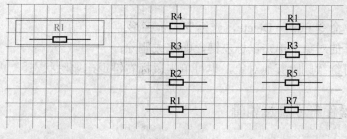

（a）复制 R1　　　（b）阵列式粘贴的结果　　（c）阵列式粘贴的结果

图 2-34　阵列式粘贴操作过程

在图 2-34（b）中的参数设置：

Item Count：4

Text：1

Horizontal：0

Vertical：20

在图 2-34（c）中的参数设置：

Item Count：4

Text：2

Horizontal：0

Vertical：−20

3．对象的移动和拖动

（1）移动对象。

第一种方法：

① 执行菜单命令 Edit →Move →Move，光标变成十字形；

② 在要移动的对象上单击鼠标左键，则该对象随着光标移动；

③ 在适当的位置单击鼠标左键，完成了对象的移动操作。

第二种方法：

① 选中需要移动的对象；

② 执行菜单命令 Edit →Move →Move Selection，光标变成十字形；

③ 在选中的对象上单击鼠标左键，则该对象随着光标移动；

④ 在适当的位置单击鼠标左键，完成了对象的移动操作。

（2）拖动对象。

在需要移动的对象上按住鼠标左键并拖动。

4．删除对象

第一种方法：

① 使对象聚焦；

② 按【Delete】键。

第二种方法：

① 选中对象；

② 按【Ctrl】+【Delete】键，或执行菜单命令 Edit→Clear。

第三种方法：

① 执行菜单命令 Edit →Delete，光标变成十字形；

② 在要删除的对象上单击鼠标左键，即完成删除；

③ 此时仍可继续删除其他对象，也可单击鼠标右键退出删除状态。

2.2.6　元器件符号属性编辑

在绘制电路图过程中，有时需要修改元器件符号的标号、标注、封装形式，有时需要修改显示字体的大小或颜色，这就是元器件符号及其标号等的属性编辑。

1．元器件符号属性编辑

元器件符号的属性编辑在 Part 元器件符号属性对话框中进行，如图 2-35 所示，调出元器件属性对话框的方法有四种。

第一种方法：在放置元器件符号过程中符号处于浮动状态时，按【Tab】键。

第二种方法：双击已经放置好的元器件符号。

第三种方法：在元器件符号上单击鼠标右键，在弹出的快捷菜单中选择 Properties。

第四种方法：执行菜单命令 Edit →Change，用十字光标单击对象。

其他对象的属性对话框均可采用这几种方法调出，读者可参考此操作。

2. 元器件标号显示属性编辑

要修改元器件标号的显示属性如标号的字体、字号、颜色等参数，可通过以下操作进行。

① 双击元器件标号，注意是双击元器件标号而不是双击元器件符号，系统弹出 Part Designator 元器件标号属性对话框，如图 2-36 所示。

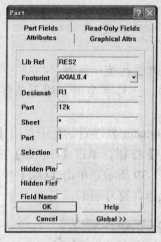

图 2-35　Part 元器件符号属性对话框

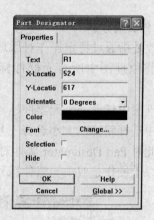

图 2-36　Part Designator 元器件标号属性对话框

② 单击 Color 旁的颜色块，可修改元器件标号的颜色；单击 Font 旁的【Change】按钮，系统弹出字体对话框，如图 2-37 所示，在其中可以选择字体、字形和字号，选择完毕单击【确定】按钮，返回 Part Designator 元器件标号属性对话框，单击【OK】按钮，修改完毕。

元器件标注显示属性的编辑操作与之相同。

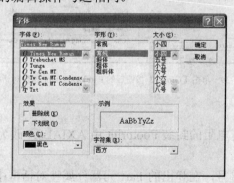

图 2-37　元器件标号的字体对话框

2.2.7　导线属性编辑

导线的属性编辑在 Wire 属性对话框中进行。

双击任一导线，系统弹出 Wire 属性对话框，如图 2-38 所示。

单击 Color 旁的颜色块，可以修改导线颜色；

单击 Wire 旁的下拉按钮，可选择导线的粗细，共有 4 个选项。

Smallest：最细；

Small：细；

Medium：中粗；

Large：最粗。

图 2-38　导线属性对话框

2.2.8　全局编辑

1. 无条件全局修改

全局修改是指通过特定操作对原理图中的某一内容进行统一修改。

下面以将原理图中所有元器件标号均改为斜体、三号字为例介绍无条件全局编辑的操作。

双击原理图中任意一个元器件标号，在 Part Designator 属性对话框中单击【Change】按钮，在字形中选择斜体，大小选择三号，单击【确定】按钮，单击【Global】按钮激活全局修改功能，此时 Part Designator 属性对话框变为如图 2-39 所示，单击【OK】按钮即可。

注意：以上操作是双击元器件标号，不是双击元器件符号图形。

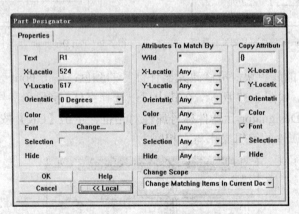

图 2-39　单击【Global】按钮后的 Part Designator 属性对话框

2. 有条件全局修改

下面以将原理图中所有电阻的封装 Footprint 由 AXIAL0.4 改为 AXIAL0.3 为例，介绍有条件全局修改的操作方法。

双击任一电阻元器件符号，在弹出的 Part 元器件属性对话框中单击【Global】按钮，在弹出的全局修改对话框中 Footprint 后输入 A*这一条件，在其后的｛｝中输入 4=3，如图 2-40 所示，而后单击【OK】按钮，在随后弹出的 Conform 确认对话框中选择【Yes】即可，如图 2-41 所示。

这里的 A*是指封装名以 A 开头的所有字符串，而｛4=3｝表示，将以 A 开头的封装名中的 4 替换为 3。

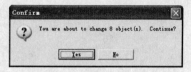

图 2-40　全局修改电阻封装参数　　　　　　　图 2-41　全局修改时确认对话框

2.3　绘制具有复合式元器件符号和总线结构的原理图

2.3.1　放置复合式元器件符号

1. 复合式元器件的概念

对于集成电路，在一个芯片上往往有多个相同的单元电路。如非门电路 74LS04，它有 14 个引脚，在一个芯片上包含六个非门，引脚 7 是接地端，引脚 14 是电源端，为芯片上的所有单元供电，如图 2-42 所示。在 Protel 软件中，这六个非门元器件名称一样，只是引脚号不同，如图 2-43 中的 U1A、U1B 等，这样的元器件符号称为复合式元器件符号。

其中引脚号为 1、2 的图形称为第一单元，对于第一单元系统会在元器件标号的后面自动加上 A，引脚号为 3、4 的图形称为第二单元，对于第二单元系统会在元器件标号的后面自动加上 B，其余同理。

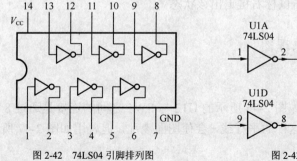

图 2-42　74LS04 引脚排列图　　　　　　图 2-43　74LS04 原理图符号

2. 复合式元器件符号的放置

在放置复合式元器件符号时，默认的是放置第一单元，下面以放置 74LS04 符号为例介绍放置其他单元的方法。

（1）放置任意单元符号。

① 在原理图中加载 74LS04 所在的元器件符号库 Protel DOS Schematic Libraries.ddb；

② 按两下【P】键在弹出的 Place Part 对话框中按图 2-44 所示输入各属性值；

③ 在图 2-45 中单击【OK】按钮，此时元器件符号处于浮动状态，按【Tab】键，系统弹出 Part 元器件符号属性对话框，在属性对话框的第二个 Part 中输入 2 则放置第二单元符号，输入 3 则放置第三单元符号，依次类推，如图 2-45 所示。单击【OK】按钮，放置第二单元符号。

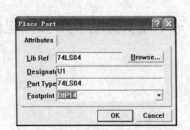

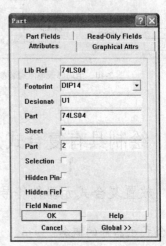

图 2-44　在 Place Part 对话框中输入 74LS04 属性值　　　　图 2-45　放置第二单元符号的设置

（2）顺序放置各单元符号。

第一种方法：如果需要顺序放置各单元符号，可以在 Place Part 对话框中输入图 2-44 所示内容后，单击【OK】按钮，而后在原理图适当位置依次单击左键，则可依次放置 74LS04 各单元符号。

第二种方法：放置好一个复合式元器件符号后，单击主工具栏上的增加复合式元器件符号单元号图标，光标变成十字形，将十字光标在复合式元器件符号上单击鼠标左键，每单击一次左键，单元号自动增 1，单击鼠标右键退出该状态。

2.3.2　绘制具有总线结构原理图

1. 总线结构的概念

总线是多条并行导线的集合，如图 2-46 所示的 U12 与 SW1 之间的连接是通过 8 条平行导线实现的，如果一张图中有多组这样的平行线，会使图面凌乱，但若用如图 2-47 所示的总线结构来表示，可以使图面简洁明了。

在图 2-47 中粗线称为总线，总线与导线之间的斜线称为总线分支线，导线上的字符 N01 等称为网络标号，对于 U12 和 SW1 虽然每个元器件符号的 8 条线都通过总线分支线连接到总线上，但只有网络标号相同的导线在电气上才是连接在一起的。

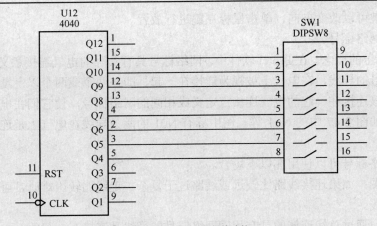

图 2-46　多条并行导线连接

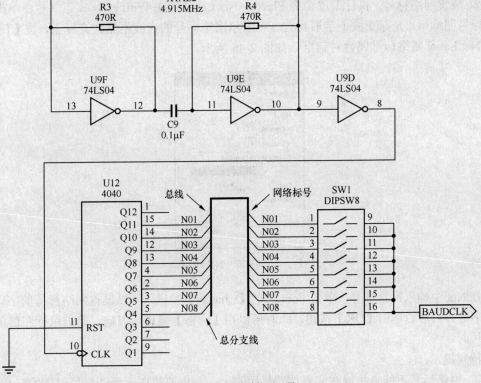

图 2-47　总线结构原理图

2．绘制总线结构

（1）绘制总线。

执行菜单命令 Place→Bus 或单击 Wiring Tools 工具栏中的放置总线图标 ，按照绘制导线的方法进行绘制即可。

（2）绘制总线分支线。

执行菜单命令 Place→Bus Entry 或单击 Wiring Tools 工具栏中的放置总线分支线图标 ，

单击【空格】键可以改变方向，单击鼠标左键进行放置。

（3）放置网络标号。

① 网络标号的概念。在 Protel 软件中，网络标号具有实际的电气连接意义。电路图上具有相同网络标号的导线，在电气上被视为连接在一起，即在两个或两个以上没有相互连接的网络中，把应该连接在一起的电气连接点定义成相同的网络标号，使它们在电气含义上真正连接在一起，如图 2-47 中的 N01 等。图中标有 N01 的两条导线在电气上是连接在一起的，其余同理。

通常，网络标号可以使用在以下场合。

简化电路图：如果连接线路比较远或线路过于复杂，走线比较困难时，可以利用网络标号代替实际走线。

总线结构：通过总线连接的具有相同网络标号的导线是连接在一起的。

层次式电路或多重式电路：在这些电路中，利用网络标号表示各个模块之间的连接关系。

网络标号的作用范围可以是一张电路图，也可以是一个项目中的多张电路图。

② 放置网络标号。执行菜单命令 Place →Net Label 或在 Wiring Tools 工具栏中单击放置网络标号图标 ，光标变成十字形且有一个表示网络标号的虚线框粘在光标上，按【Tab】键弹出 Net Label 网络标号属性对话框，如图 2-48 所示。

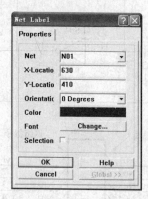

图 2-48 网络标号属性对话框

在 Net 中输入网络标号，单击 Font 旁的【Change】按钮，可以设置网络标号的字体、字形、字号等内容，单击【OK】按钮，此时可以用【空格】键旋转方向，单击鼠标左键放置网络标号。

特别提示：

① 网络标号不能直接放在元器件符号引脚上，一定要放在元器件符号引脚的延长线上，所以在绘制总线结构时，一定要先用导线将元器件符号引脚引出，再放置总线分支线。

② 网络标号是有电气意义的，切不可用字符串代替。

③ 如果放置的网络标号最后一位是数字，在下一次放置时，网络标号的数字将自动加 1。

3. 放置端口

图 2-47 中的 BAUDCLK 称为端口，端口表示两个电路之间的电气连接关系。

（1）放置端口。

① 执行菜单命令 Place →Port 或在 Wiring Tools 工具栏中用鼠标左键单击放置端口图标

，光标变成十字形且有一个表示端口的虚线框粘在光标上，按【Tab】键弹出 Port 端口属性对话框，如图 2-49 所示。

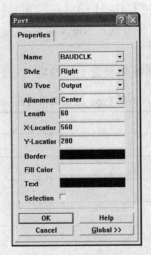

图 2-49　端口属性对话框

Name：端口名称，即端口显示出来的名称如图 2-47 中的 BAUDCLK，在此输入 BAUDCLK。

Style：端口的显示类型，单击右侧的下拉箭头，从中选择所需的显示类型，如表 2-3 所示，本例选择 Right。

表 2-3　　　　　　　　　　　　　　Style 符号含义

符　　号	含　　义
Vo	None（Horizontal）
Vo	Left
Vo	Right
Vo	Left & Right
Vo	None（Vertical）
Vo	Top
Vo	Bottom
Vo	Top & Bottom

Alignment：端口中字符的对齐方式。单击右侧的下拉箭头，从中选择所需的对齐方式，本例选择 Center。

对于水平放置的端口共有三种方式：Left（左对齐）、Right（右对齐）、Center（中间对齐）；对于垂直放置的端口也有三种方式：Top（顶对齐）、Bottom（底对齐）、Center（中间对齐）。

I/O Type：端口的电气特性，系统共设置了四种电气特性如表 2-4 所示，本例选择 Output。

表 2-4　　　　　　　　　　　　　　**I/O Type　端口电气特性**

种　类	含　义
Unspecified	无端口
Output	输出端口
Input	输入端口
Bidirectional	双向端口

Text Color：端口中的字符颜色。

Fill Color：端口的填充颜色。

Border Color：端口的边框颜色。

② 按要求设置好端口的属性后，在适当位置单击鼠标左键，移动光标，当端口的大小合适时再单击鼠标左键，则放置好一个端口，此时按【Tab】键弹出端口的属性对话框，可继续设置并放置端口，或单击鼠标右键退出放置状态。

（2）改变已放置好端口的大小。

对于已经放置好的端口，也可以不通过属性对话框的设置直接改变其大小，操作步骤如下。

① 单击已放置好的端口，端口周围出现虚线框；

② 拖动虚线框上的控制点，即可改变其大小，如图 2-50 所示。

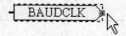

图 2-50　改变端口大小的操作

2.4　查找元器件符号

Protel 99 SE 中的元器件符号库众多，而且每个元器件符号的名称多数是使用者不熟知的，怎样查找到这些元器件符号是使用者在绘制原理图时经常遇到的问题。

下面以查找与非门符号 74LS32 为例，介绍查找元器件符号的一般方法，了解存放该元器件符号的库文件名称，并将其放置到原理图中。

① 打开原理图文件。

② 用鼠标左键单击屏幕左边管理器窗口中的【Find】按钮，如图 2-51 所示。

图 2-51 在管理器窗口单击【Find】按钮

系统弹出 Find Schematic Component 查找元器件符号对话框，如图 2-52 所示，对话框中各选项含义如下：

By Library Reference：要查找的元器件符号名，选中此项后输入 74Ls32。

By Description：要查找的元器件符号描述，可不输入。

Search 区域内容：

Scope：查找范围，有三个选项。

        Specified Path：按指定的路径查找。

        Listed Libraries：从所载入的元器件库中查找。

        All Drives：在所有驱动器的元器件库中查找。

Sub directories：选中则指定路径下的子目录都会被查找。

Find All Instance：选中则查找所有符合条件的元器件符号，否则查找到第一个符合条件的元器件符号后，就停止查找。

Path：在选择 Specified Path 项后，要在此栏中输入要求查找的路径。输入原理图元器件库所在的路径即可。即\Program Files\Design Explorer 99 SE\Library\Sch。也可以单击旁边的【…】按钮，从中选择路径。

File：输入具体的元器件符号库名，这个文本框支持通配符，如果不知道具体的元器件符号库名，可输入"*"代替主文件名。

Edit 按钮：编辑查找到的元器件符号。

Place 按钮：将查找到的元器件符号放置到原理图中。

Find Now 按钮：开始查找。

Stop 按钮：停止查找。

Found Libraries 区域：查找到的元器件符号库和元器件符号名列表。

③ 按图 2-52 所示输入 74ls32 后，单击【Find Now】按钮开始查找，找到后在 Found Libraries 区域中列出查找结果，如图 2-52 所示。

④ 在图 2-52 中单击【Place】按钮，则将查找到的符号放置到原理图中，如果单击【Edit】按钮则打开 74Ls32 所在的元器件符号库，可以对该符号进行编辑。

注：由于 By Library Reference 查找支持通配符，所以可在该文本框中输入通配符"*"，以扩大查找范围。

如查找 74Ls32，可以在 By Library Reference 旁的文本框中输入 74*Ls*32，单击【Find

Now】按钮后，在 Found Libraries 区域中列出的查找结果比图 2-52 中列出的结果要多，如图 2-53 所示。

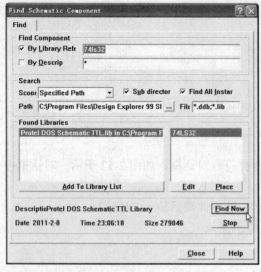

图 2-52 Find Schematic Component 查找元器件符号对话框

图 2-53 在查找条件中加入通配符

2.5 生成报表文件和原理图打印

为了满足生产和工艺上的要求，为了实现印制电路板图的自动布局和自动布线，Protel 99 SE 提供了根据原理图产生各种报表的强大功能，在这些报表中，尤以网络表文件和元器件符号清单应用最为广泛，本节的生成报表文件部分就重点介绍这两个文件。

2.5.1 产生网络表文件

1. 网络表文件的作用

网络表文件是表示电路原理图或印制电路板元器件连接关系的文本文件。它是原理图设计软件 Advanced Schematic 和印制电路板设计软件 PCB 的接口。

网络表文件的主文件名与电路图的主文件名相同，扩展名为.NET。

网络表文件的作用是：

① 可用于印制电路板的自动布局、自动布线和电路模拟程序；

② 可以检查两个电路原理图或电路原理图与印制电路板图之间是否一致。

2. 网络表文件格式

网络表文件中的内容包括元器件描述和网络连接描述两部分。

（1）元器件符号描述。

[　　　　　　　　　　元器件声明开始

R1　　　　　　　　　元器件标号

AXIAL0.4	元器件封装形式
10k	元器件标注
]	元器件声明结束

在原理图文件中的所有元器件都有声明。

（2）网络连接描述。

(	网络定义开始
NetR1_1	网络名称
R1_1	此网络的第一个端点
R2_1	此网络的第二个端点
C1_2	此网络的第三个端点
)	网络定义结束

其中网络名称如 VCC、GND 为用户定义，如果用户没有命名，则系统自动产生一个网络名称，如上面的 NetR1_1。端点 R1_1 表示与网络连接的端点是 R1 的第一引脚。在网络描述中，列出该网络连接的所有端点。

在原理图文件中的所有网络都被列出。

3. 产生网络表文件

产生网络表文件的操作步骤如下。

① 打开原理图文件。

② 执行菜单命令 Design →Create Netlist，系统弹出 Netlist Creation 网络表设置对话框，如图 2-54 所示。

Netlist Creation 网络表设置对话框中各选项含义。

Output Format：设置生成网络表的格式。有 Protel、Protel 2 等多种格式。

这里我们选择 Protel 格式。

Net Identifier Scope：设置项目电路图网络标识符的作用范围，本项设置只对层次原理图有效，有三种选择。

Net Labels and Ports Global：网络标号与端口在整个项目中都有效。即项目中不同电路图之间的同名网络标号是相互连接的、同名端口也是相互连接的。

Only Ports Global：只有端口在整个项目中有效。即项目中不同电路图之间同名端口是相互连接的。

Sheet Symbol / Port Connections：子电路图的端口与父电路图内相应方块电路图中同名端口是相互连接的。

Sheets to Netlist：设置生成网络表的电路图范围，有三种选择：

Active Sheet：只对当前打开的电路图文件产生网络表。

Active Project：对当前打开电路图所在的整个项目产生网络表。

Active Sheet Plus Sub Sheets：对当前打开的电路图及其子电路图产生网络表。

对于单张原理图，选择第一项即可。

Append sheet numbers to local nets：生成网络表时，自动将原理图编号附加到网络名称上。

Descend into sheet parts：对电路图式元器件符号的处理方法。

Include un-named single pin nets：确定对电路中没有命名的单个元器件，是否将其转换为网络。

在本例中，按照如图 2-54 所示设置。

③ 设置好后，单击【OK】按钮，系统自动产生网络表文件，如图 2-55 所示。

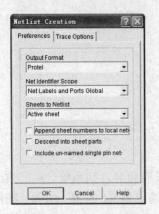

图 2-54　Netlist Creation 网络表设置对话框

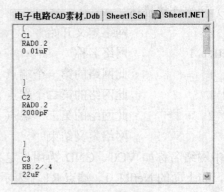

图 2-55　网络表文件

2.5.2　生成元器件清单

元器件清单主要用于整理一个电路或一个项目中的所有元器件。元器件清单中主要包括元器件标号、元器件标注、元器件封装形式、元器件描述等内容。利用元器件清单可以有效地管理电路。

元器件清单文件的主文件名与原理图文件相同，不同格式的元器件清单文件的扩展名不同，将在操作步骤中介绍。

操作步骤：

① 打开一个原理图文件。

② 执行菜单命令 Reports →Bill of Material，系统弹出 BOM Wizard 向导窗口之一，进入生成元器件清单向导，如图 2-56 所示。

Project：产生整个项目的元器件清单，该项针对层次原理图。

Sheet：产生当前打开的电路图的元器件清单，对于单张原理图选择此项即可。

③ 单击【Next】按钮，弹出 BOM Wizard 向导窗口之二如图 2-57 所示，选择元器件清单中包含的元器件信息。选中的内容分别为 Footprint（封装形式）和 Description（元器件描述）。

④ 单击【Next】按钮，弹出 BOM Wizard 向导窗口之三，设置元器件清单的项目标题。图中的内容是默认设置如图 2-58 所示。

BOM Wizard 中各选项含义如下。

Part Type：元器件标注。

Designator：元器件标号。这两项在所有元器件清单中都有。

Footprint：元器件封装形式。

Description：元器件描述。这两项是在前一窗口中选择的。

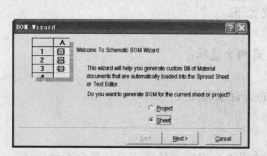

图 2-56 生成元器件清单向导

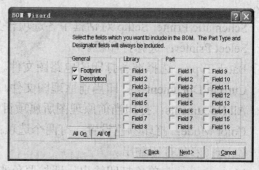

图 2-57 选择元器件清单中的包含信息

⑤ 单击【Next】按钮，弹出 BOM Wizard 向导窗口之四，选择元器件清单格式如图 2-59 所示。

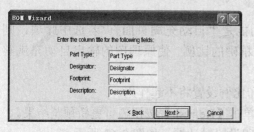

图 2-58 元器件清单项目标题

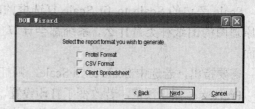

图 2-59 选择元器件清单格式

Protel Format：生成 Protel 格式元器件列表，文件扩展名为.BOM。

CSV Format：生成 CSV 格式元器件列表，文件扩展名为.CSV。

Client Spreadsheet：生成电子表格格式元器件列表，文件扩展名为.XLS。本例选择该项。

⑥ 单击【Next】按钮，在弹出的完成对话框中单击【Finish】按钮，系统生成电子表格式的元器件清单，并自动将其打开，如图 2-60 所示。

注：元器件清单是以元器件标注为关键字进行索引的，如果电路中的元器件符号无标注，则产生的元器件清单中元器件数目将与电路不符，读者在使用这一功能时请注意。

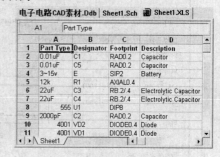

图 2-60 系统生成的元器件清单

2.5.3 原理图打印

对于绘制好的电路原理图，往往需要打印出来。Protel 99 SE 支持多种打印机，可以说 Windows 支持的打印机 Protel 99 SE 系统都支持。

操作步骤：

① 打开一个原理图文件。

② 执行菜单命令 File → Setup Printer，系统弹出 Schematic Printer Setup 对话框，如图 2-61

所示。

Schematic Printer Setup 对话框中各选项含义如下。

Select Printer：选择打印机。

Batch Type：选择准备打印的电路图文件。有两个选项：

Current Document：打印当前原理图文件。

All Documents：打印当前原理图所属项目的所有原理图文件。

Color Mode：打印颜色设置。有两个选项：

Color：彩色打印输出。

Monochrome：单色打印输出，即按照色彩的明暗度将原来的色彩分成黑白两种颜色。

Margin：设置页边空白宽度，单位是 Inch（英寸）。共有四种页边空白宽度。Left（左），Right（右），Top（上），Bottom（下）。

Scale：设置打印比例，范围是 0.001%～400%。尽管打印比例范围很大，但不要将打印比例设置过大，以免原理图被分割打印。

Scale 旁边的 Scale to fit Scale 复选框的功能是"自动充满页面"。若选中此项，则无论原理图的图纸种类是什么，系统都会计算出精确的比例，使原理图的输出自动充满整个页面。

需要指出，若选中 Scale to fit Scale，则打印比例设置将不起作用。

Preview：打印预览，若改变了打印设置，单击【Refresh】按钮，可更新预览结果。

Properties 按钮：单击此按钮，系统弹出打印设置对话框，如图 2-62 所示。

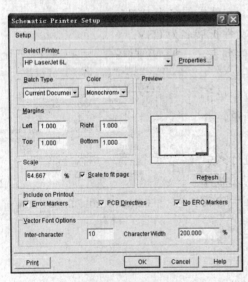

图 2-61　Schematic Printer Setup 对话框

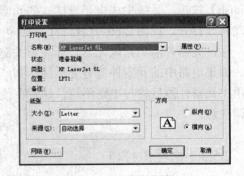

图 2-62　打印设置对话框

在打印设置对话框中，用户可选择打印机，设置打印纸张的大小、来源、方向等。单击【属性】按钮可对打印机的其他属性进行设置。

③ 打印：单击图 2-61 中【Print】按钮，或单击图 2-61 中【OK】按钮后执行菜单命令 File →Print。

本 章 小 结

本章介绍了原理图编辑器的界面、图纸的基本设置方法等。并通过几个具体实例介绍了绘制原理图的基本方法，包括带有复合式元器件符号和总线结构原理图的绘制方法，同时介绍了元器件属性的编辑，以及查找元器件符号和根据原理图生成元器件清单、打印原理图的方法。

通过本章学习，希望读者能掌握绘制规范原理图的正确方法。

本章涉及的原理图中所有元器件符号均可直接从元器件符号库中调出。

练 习 题

1. 绘制如图 2-63 所示电路图。

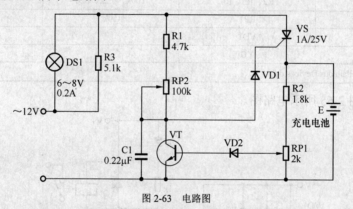

图 2-63　电路图

表 2-5　　　　　　　　　　　　　　**图 2-63 电路图元器件属性列表**

Lib Ref （元器件名称）	Designator （元器件标号）	Part Type （元器件标柱）	Footprint （元器件封装）
LAMP	DS1	6~8v 0.2A	
RES2	R1、R2、R3	4.7k、1.8k、5.1k	
POT2	RP1、RP2	2k、100k	
CAP	C1	0.22u	
NPN	VT		
SCR	Vs	1A/25v	
DIODE	VD1、VD2		
BATTERY	E	充电电池	

元器件符号库：Miscellaneous Devices.ddb

2. 绘制如图 2-64 所示电路图。

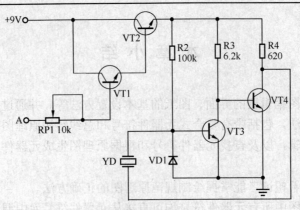

图 2-64 电路图

表 2-6　　　　　　　　　　**图 2-64 电路图元器件属性列表**

Lib Ref （元器件名称）	Designator （元器件标号）	Part Type （元器件标柱）	Footprint （元器件封装）
NPN	VT1、VT2、VT3、VT4		
RES2	R2、R3、R4	100k、6.2k、620	
POT2	RP1	10k	
DIODE	VD1		
CRYSTAL	YD		

元器件符号库：Miscellaneous Devices.ddb

3．绘制如图 2-65 所示电路图。

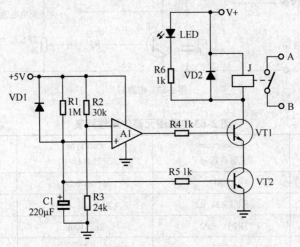

图 2-65 电路图

表 2-7　　　　　　　　　　**图 2-65 电路图元器件属性列表**

Lib Ref （元器件名称）	Designator （元器件标号）	Part Type （元器件标柱）	Footprint （元器件封装）
NPN	VT1、VT2		
RES2	R1、R2、R3、R4、R5、R6	1M、30k、24k、1k	
DIODE	VD1、VD2		

Lib Ref （元器件名称）	Designator （元器件标号）	Part Type （元器件标柱）	Footprint （元器件封装）
ELECTRO1	C1	220μF	
OPAMPL	VT	A1	
LED	LED		
RELAY-SPST	J		

元器件符号库：Miscellaneous Devices.ddb

4．绘制如图 2-66 所示电路图。

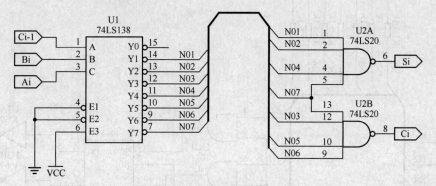

图 2-66　电路图

表 2-8　　　　　　　　　　　　图 2-66 电路图元器件属性列表

Lib Ref （元器件名称）	Designator （元器件标号）	Part Type （元器件标柱）	Footprint （元器件封装）
74LS138	U1	74LS138	DIP16
74LS20	U2	74LS20	DIP14

元器件符号库：Protel DOS Schematic Libraries.ddb

5．绘制如图 2-67 所示电路图。

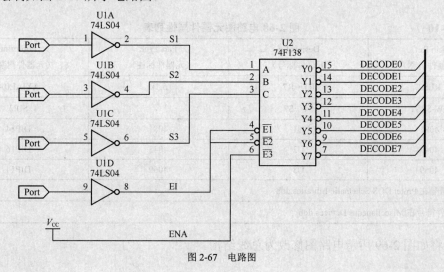

图 2-67　电路图

表 2-9   **图 2-67 电路图元器件属性列表**

Lib Ref （元器件名称）	Designator （元器件标号）	Part Type （元器件标柱）	Footprint （元器件封装）
74LS04	U1	74LS04	DIP14
74F138	U2	74F138	DIP16

元器件符号库：Protel DOS Schematic Libraries.ddb

6．绘制如图 2-68 所示电路图。

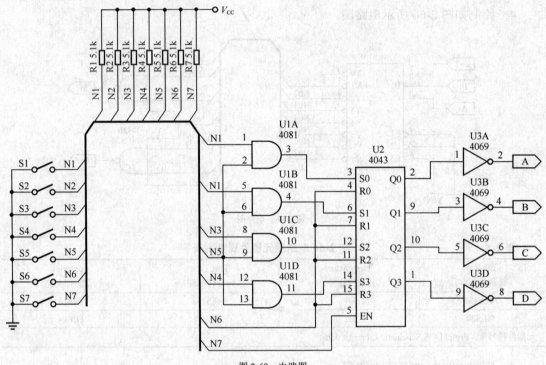

图 2-68　电路图

表 2-10   **图 2-68 电路图元器件属性列表**

Lib Ref （元器件名称）	Designator （元器件标号）	Part Type （元器件标柱）	Footprint （元器件封装）
RES2	R1～R7	5.1k	AXIAL0.4
SW-SPST	S1～S7		SIP2
4081	U1	4081	DIP14
4043	U2	4043	DIP16
4069	U3	4069	DIP14

U1～U3 符号在 Protel DOS Schematic Libraries.ddb

其余元器件符号在 Miscellaneous Devices.ddb

7．将如图 2-69 所示电路图修改为总线结构。

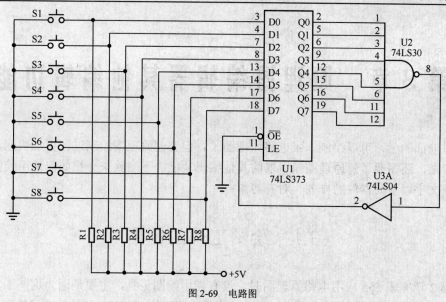

图 2-69　电路图

表 2-11　　　　　　　　　　**图 2-69 电路图元器件属性列表**

Lib Ref （元器件名称）	Designator （元器件标号）	Part Type （元器件标柱）	Footprint （元器件封装）
RES2	R1～R8		AXIAL0.4
SW-PB	S1～S8		SIP2
74LS373	U1	74LS373	DIP20
74LS30	U2	74LS30	DIP14
74LS04	U3	74LS04	DIP14
U1～U3 在 Protel DOS Schematic Libraries.ddb			
其余元器件在 Miscellaneous Devices.ddb			

8．选择第 2 章 1～6 题中的任一电路图，利用全局编辑方法将元器件标号修改为小四号斜体，颜色为红色。

9．选择第 2 章 1～6 题中的任一电路图，利用全局编辑方法将元器件标注修改为小四号加粗，颜色为绿色。

10．将第 2 章第 1 题中所有电阻标号中 R 都改为 RE。

11．新建一个原理图文件，图纸版面设置为：A4 图纸、横向放置、标题栏为标准型，光标设置为一次移动半个网格，可视栅格为 10mil。

第3章 原理图编辑器其他编辑功能

通过前面的学习可以绘制一张电路原理图了，但要使原理图绘制过程更加快速，结构层次更加清晰，还需要了解原理图编辑器的其他编辑功能。下面就来介绍如何使用绘图工具、添加注释文字以及元器件的排列、对齐等。

3.1 绘图工具的使用

在第2章完成555应用电路原理图时，没有使用绘图工具，主要是因为这些工具只是起标注的作用，并不代表任何电气意义。所以在作电气规则检查 ERC 和转换成网络表时，它们并不产生任何影响，也不会附加在网络表数据中。

我们可以通过 View→ToolBars→Drawing Tools 菜单命令来打开或关闭绘图工具栏。利用绘图工具栏上的各个按钮进行绘图十分方便，绘图工具栏如图 3-1 所示，绘图工具栏上的各按钮功能如图 3-2 所示。

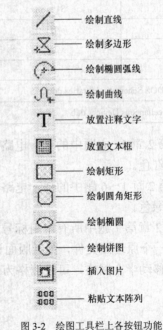

绘制直线
绘制多边形
绘制椭圆弧线
绘制曲线
放置注释文字
放置文本框
绘制矩形
绘制圆角矩形
绘制椭圆
绘制饼图
插入图片
粘贴文本阵列

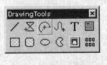

图 3-1 绘图工具栏　　　　　　　　图 3-2 绘图工具栏上各按钮功能

3.1.1 绘制直线

绘制直线的基本步骤如下。

（1）用鼠标左键单击 Drawing Tools 工具栏中的／按钮后，光标变为十字形。

（2）移动光标到合适的位置，单击鼠标左健确认直线的起始点。

（3）移动鼠标拖曳直线的线头，在每个转折点单击鼠标左键加以确认。

（4）重复上述操作，直到直线的终点，单击鼠标左键确认直线的终点，单击鼠标右键退出此直线的绘制。

此时系统仍处于绘制直线的命令状态，光标呈十字状，可以接着绘制下一条直线，也可单击鼠标右键或按 Esc 键退出。

3.1.2　单行文字标注

在电路中通常要加入一些文字标注来说明电路，可以通过 Place→Annotation 菜单命令或单击绘图工具栏上的 T 按钮，将编辑模式切换到放置标注文字模式。需要说明的是，在这种模式中，只能放置单行文字标注。

1. 放置单行文字标注

启动此命令后，鼠标指针旁边会出现一个大十字和一个虚线框，在欲放置标注文字的位置上单击鼠标左键，编辑界面就会出现一个名为 Text 的字符串或上次曾写过的字符串，并进入下一步操作过程，如果要将编辑模式切换回等待命令模式，可在此时单击鼠标右键或按下 Esc 键。

2. 编辑标注文字

如果在完成放置动作之前按下 Tab 键，或者直接在字符串上双击鼠标左键，即可打开标注文字属性对话框，如图 3-3 所示。

图 3-3　标注文字属性对话框

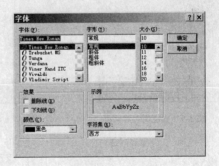

图 3-4　字体对话框

在此对话框中最重要的属性是 Text 栏，它负责保存显示在编辑界面的标注文字，并且可以修改文字。此外还有如下几项属性：X-Location、Y-Location（标注文字的坐标），Orientation（字串的放置角度），Color（字串的颜色），Font（字体），Selection（切换选取状态）。

如果想修改标注文字的字体，则可以单击【Change】按钮，系统将弹出如图 3-4 所示的字体对话框，此时可以设置字体的属性。

如果直接在标注文字上单击鼠标左键，可使其进入选中状态（出现虚线矩形边框），我们可以通过移动矩形本身来调整注标文字的放置位置。

3.1.3 多行文字标注

如果在电路图中需要标注的文字较多，可以采用多行文字标注方式解决。其操作方法与放置单行文字标注类似。

（1）可以通过 Place→Text Frame 菜单命令或用鼠标左键单击 Drawing Tools 工具栏中的■按钮，鼠标指针旁边会出现一个大十字和一个虚线框，进入放置多行文字标注状态。

（2）按键盘上的 Tab 键，系统将弹出如图 3-5 所示的 Text Frame 文字属性对话框。在 Properties 标签中用户可以设置文本位置、颜色、边界线型、文字排列方式等项目。

（3）单击 Text 选项右边的【Change】按钮，则可以进入 Edit TextFrame Text 窗口，如图 3-6 所示。此时可以开始编辑多行文字标注，编辑方法与一般文字处理程序相同。

（4）编辑完成后，单击图 3-6 下面的【OK】按钮，再单击图 3-5 下面的【OK】按钮，回到电路图中把编辑好的文字标注放到合适的位置。

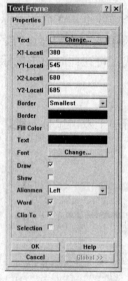

图 3-5　文字属性对话框

图 3-6　Edit TextFrame Text 窗口

3.1.4 绘制矩形和圆角矩形

绘制矩形的基本步骤如下：

① 用鼠标左键单击 Drawing Tools 工具栏中的□按钮，光标变为十字形并挂着上次画过的矩形框。

② 移动光标到合适位置，单击鼠标左键，确定矩形的左上角位置。之后光标会跳到矩形的右下角，这时光标可上下左右移动，选择合适矩形大小，并单击鼠标左键确定。此时完成了矩形的绘制。单击鼠标右键退出绘制矩形的状态。

③ 用鼠标左键双击绘制完成的矩形时，将弹出矩形属性对话框，我们可进行相关参数

的设置或修改。

矩形的绘制过程如图 3-7 所示。

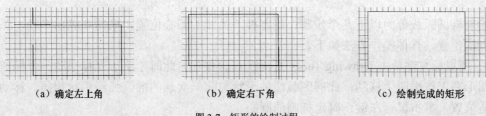

　　（a）确定左上角　　　　　　　（b）确定右下角　　　　　　（c）绘制完成的矩形

图 3-7　矩形的绘制过程

绘制圆角矩形的步骤与绘制矩形的步骤相似。

① 用鼠标左键单击 Drawing Tools 工具栏中的▣按钮，光标变为十字形并挂着上次曾画过的圆角矩形。单击鼠标左键即可确定圆角矩形的右下角位置。

② 此后光标会跳到圆角矩形的左上角，这时光标可上下左右移动，选择合适圆角矩形大小，并单击鼠标左键确定圆角矩形的左上角位置。此时完成了圆角矩形的绘制。单击鼠标右键退出绘制圆角矩形的状态。

③ 用鼠标左键双击绘制完成的圆角矩形时，将弹出圆角矩形属性对话框，我们可进行相关参数的设置或修改。

3.1.5　绘制多边形

多边形的绘制步骤如下。

① 用鼠标左键单击 Drawing Tools 工具栏中的▨按钮，光标变为十字形。移动光标到合适位置，单击鼠标左键，确定多边形的一个顶点。

② 移动光标到下一个顶点处，单击鼠标左键确定。

③ 移动光标到多边形的第三个顶点处单击鼠标左键，此时在屏幕上将有浅灰色的示意图形出现。继续移动光标并单击鼠标左键，直到一个完整的多边形绘制完毕，用户可单击鼠标右键退出此多边形的绘制，此时绘制的多边形变为实心的灰色图形。当然也可以在绘制好的多边形上双击鼠标左键，弹出 Polygon 对话框，我们可以进行相关参数如多边形边框颜色、填充色、边框线的线型等的设置或修改。单击鼠标右键退出绘制多边形的状态。

如图 3-8 所示为一个四边形的绘制过程。

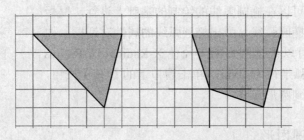

　　（a）确定第一、二、三个顶点　　（b）确定第四个顶点并完成绘制

图 3-8　绘制多边形

3.1.6 绘制椭圆弧线和圆形弧线

绘制椭圆弧线分为以下几个步骤：确定椭圆弧线的圆心位置，横向和纵向半径，弧线两个端点的位置。具体操作方法如下。

1．用鼠标左键单击 Drawing Tools 工具栏中 ⊙ 按钮，此时十字形光标拖动一个椭圆弧线状的图形在工作平面上移动，此椭圆弧线的形状与前一次画的椭圆弧线形状相同。移动光标到合适位置，单击鼠标左键，确定椭圆的圆心。

2．此时光标自动跳到椭圆横向的圆周顶点，在工作平面上移动光标，选择合适的椭圆横向半径长度，单击鼠标左键确认。之后光标将再次逆时针方向跳到纵向的圆周顶点，选择适当的纵向半径长度，单击鼠标左键确认。

3．此后光标会跳到椭圆弧线的一端，可拖动这一端到适当的位置。单击鼠标左键确认椭圆弧线的起始点。然后光标会跳到弧线的另一端，用户可在确认其位置后单击鼠标左键确认椭圆弧线的终点。此时椭圆弧线的绘制完成。

单击鼠标右键可退出绘制椭圆弧线的状态。

椭圆弧线的绘制过程如图 3-9 所示。

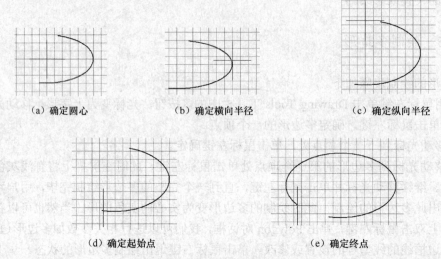

（a）确定圆心　　　　　　　（b）确定横向半径　　　　　　　（c）确定纵向半径

（d）确定起始点　　　　　　　　　　　（e）确定终点

图 3-9　椭圆弧线的绘制过程

圆形弧线的绘制可以在椭圆弧线的绘制的基础上进行，鼠标左键双击绘制完成的椭圆弧线，弹出椭圆弧线的属性对话框，如图 3-10 所示。我们可以根据圆弧的半径使 X-Radius、Y-Radius 的取值相同，图中圆弧半径为 60mil，单击窗口下的【OK】按钮，在编辑界面上即可得到圆形弧线。

图 3-10　椭圆弧线的属性对话框

3.1.7 绘制椭圆图形

椭圆的绘制步骤如下。

① 用鼠标左键单击 Drawing Tools 工具栏中的 ⊘ 按钮可以进入绘制椭圆工作状态。移动带有上一次画过的椭圆图形的十字形光标在编辑界面上选择合适的位置,单击鼠标左键确定椭圆圆心的位置。

② 十字形光标跳到横向的圆周上,水平移动光标确认合适的椭圆横向半径,接着光标跳到纵向的圆周上,垂直移动光标确定纵向椭圆半径。单击左键,一个椭圆的绘制即可完成。

此时系统仍处于画椭圆状态,重复上面操作,完成其他椭圆的绘制,也可单击鼠标右键或按 Esc 键退出绘制椭圆的工作状态。

椭圆的绘制过程如图 3-11 所示。

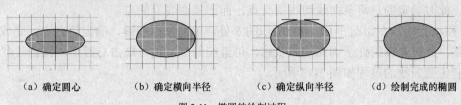

(a) 确定圆心　　　(b) 确定横向半径　　　(c) 确定纵向半径　　　(d) 绘制完成的椭圆

图 3-11　椭圆的绘制过程

圆形的绘制可以在椭圆绘制的基础上,鼠标左键双击该椭圆,弹出椭圆属性对话框,根据圆形的半径使 X-Radius、Y-Radius 的取值相同即可。

3.1.8　绘制扇形

扇形的绘制步骤如下。

① 单击 Drawing Tools 工具栏中 ◔ 按钮进入绘制扇形工作状态,此时光标变成十字形,十字形光标上挂一个上次画过的扇形。

② 在合适的位置,单击鼠标左键确定扇形圆心的位置。

③ 十字形光标移到圆周上一点,单击鼠标左键确认扇形半径。

④ 接着光标移到扇形的一个端点位置,移动光标可调整扇形的一边位置,单击鼠标左键确定扇形的起始点。

⑤ 光标接着移到扇形的另一个端点,移动光标可以调整扇形的另一个边位置,单击鼠标左键确定扇形终点。

绘制扇形的过程如图 3-12 所示。

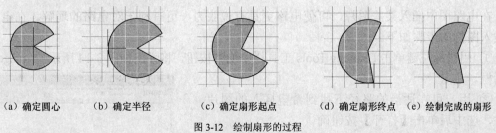

(a) 确定圆心　　　(b) 确定半径　　　(c) 确定扇形起点　　　(d) 确定扇形终点　　(e) 绘制完成的扇形

图 3-12　绘制扇形的过程

3.1.9　绘制曲线

下面以绘制正弦曲线为例来说明此绘图工具的应用。

① 单击 Drawing Tools 工具栏中∿按钮进入绘制曲线工作状态，此时光标变成十字形。

② 将十字光标移动到曲线的起点位置，单击鼠标左键加以确定。

③ 将光标移到另一点，如图 3-13（a）所示的 2 处，单击鼠标左键，确定第二点。应注意此时确定的是两条曲线切线的交点，不是曲线上的点。

④ 移动光标，此时已生成一个弧线，将光标移到如图 3-13（b）所示的 3 处，单击鼠标左键，确定第三点，从而绘制出正弦曲线的正半周。

⑤ 在 3 处再次单击左键，确定第四点，以此作为负半周的起点。

⑥ 移动光标，在如图 3-13（c）所示的 5 处，单击鼠标左键，确定第五点。同确定第二点一样，此时确定的是两条曲线切线的交点，而不是曲线上的点。

⑦ 移动光标，在如图 3-13（d）所示的 6 处，单击鼠标左键，确定第六点。完成正弦曲线的绘制，此时光标仍处于画曲线的状态，可继续绘制，也可单击右键退出画曲线状态。

绘制正弦曲线的过程如图 3-13 所示。

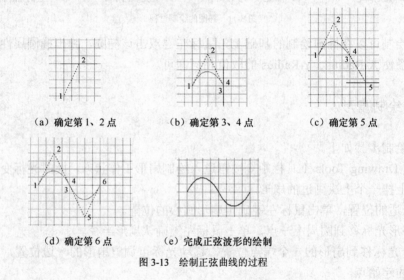

（a）确定第 1、2 点　　　　（b）确定第 3、4 点　　　　（c）确定第 5 点

（d）确定第 6 点　　　　（e）完成正弦波形的绘制

图 3-13　绘制正弦曲线的过程

3.1.10　插入图片

在电路图中插入某些图片，可使电路更具有说服力，更有利于对电路的理解。在电路图中插入图片的步骤如下。

① 用鼠标左键单击 Drawing Tools 工具栏中的回按钮，将弹出如图 3-14 所示的 Image File 对话框。

② 用户可在适当的路径下找到希望插入的图片文件，选中后单击【打开】按钮确认。

③ 在编辑区中确定相应的位置，单击鼠标左键确定图片的左上角。

④ 当光标移到右下角后，再次单击鼠标左键，确定需要放置的图片的大小，所选择的图片便插入到

图 3-14　Image File 对话框

了相应位置。

　　此时系统仍然处于插入图片工作状态，一张图片完成后，系统会再次弹出 Image File 对话框，用户可以重复以上步骤完成其他图片的插入。如果用户希望退出此工作状态，可以用鼠标单击 Image Files 对话框中的取消按钮。

3.2　了解原理图编辑器其他编辑功能

3.2.1　对象的排列和对齐

　　在进行元器件布置时，利用排列和对齐命令，不但可以使电路整齐、美观，而且可以大大地提高工作效率，尤其在后面的印制电路板元器件布局时，该项命令使用频率很高。

　　执行 Edit→Align 菜单命令，弹出如图 3-15 所示的子菜单，子菜单包含了各种元器件对应的操作命令和快捷键。各操作命令的含义如下。

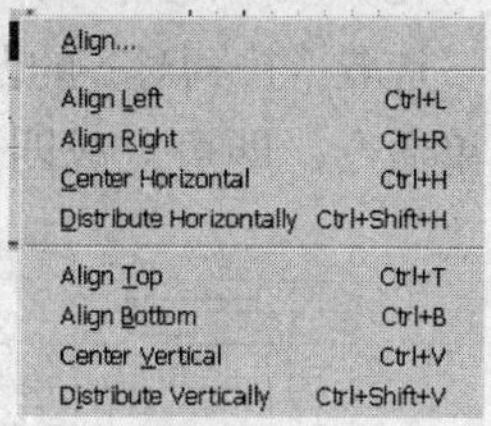

图 3-15　元器件对齐命令子菜单

Align Left：左对齐

Align Right：右对齐

Center Horizontal：水平居中对齐

Distribute Horizontally：以水平方向均匀分布对齐

Align Top：顶对齐

Align Bottom：底对齐

Center Vertical：垂直居中对齐

Distribute Vertically：以垂直方向均匀分布对齐

　　若执行 Edit→Align→Align...命令，弹出如图 3-16 所示的元器件对齐设置对话框，通过设置可同时对水平和垂直两个方向对元器件进行对齐排列。各部分选项的定义如表 3-1 所示。

表 3-1　　　　　　　　　　**Align Object** 对话框各选项定义

Horizonta Alignment（水平排列选项）		Vertical Alignment（垂直排列选项）	
No Change	横向位置不变	No Change	纵向位置不变
Left	左对齐	Top	顶部对齐
Centre	中心对齐	Centre	中心对齐
Right	右对齐	Bottom	底部对齐
Distribute Equally	水平均布	Distribute Equally	纵向均布

　　下面举例说明元器件的排列与对齐，如图 3-17 所示为排列散乱的元器件图形。

　　（1）左对齐。

　　其操作步骤如图 3-18 所示。

　　① 执行 Edit→Select→Inside Area 命令或直接拖动鼠标使散乱的元器件处于被选取状态。

　　② 按 Ctrl+L 键或执行 Edit→Align→Align Left 菜单命令，使散乱的元器件左对齐。

　　③ 单击主工具栏的 ✕ 按钮或执行 Edit→Deselect→Inside Area 命令，拖动鼠标使散乱的

元器件被虚线框包围，单击鼠标左键，消除选取。

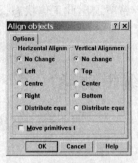

图 3-16　元器件对齐设置对话框

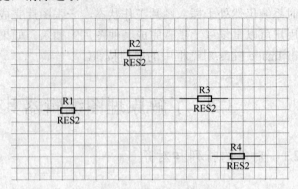

图 3-17　排列散乱的元器件图形

（2）水平均布对齐。

选取待排列对齐的四个电阻，如图 3-18（a）所示。执行 Edit→Align→Distribute Horizontally 菜单命令，即可完成四个电阻的水平方向的等间距排列，结果如图 3-19 所示。

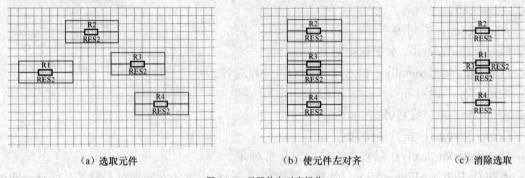

（a）选取元件　　　　　　　　　　（b）使元件左对齐　　　　　　　　　（c）消除选取

图 3-18　元器件左对齐操作

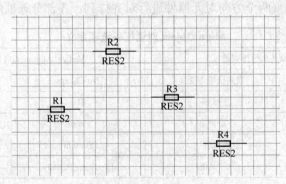

图 3-19　水平均布对齐排列后

以上介绍的都是实现一组元器件在一个方向上的排列方法，右对齐、顶对齐、纵向均布对齐等操作与上面两种操作方法类似。下面介绍一组元器件同时执行两个方向排列控制的方法。

（3）水平均布顶对齐。

此项操作是复合操作，既有水平方向又有垂直方向的操作。先选取四个电阻，执行 Edit→

Align→Align...菜单命令，弹出 Align Objects 对话框，如图 3-20 所示。在 Options 区域的 Horizontal Alignment 栏中选择 Distribute equal（水平均布），在 Vertical Alignment 栏中选择 Top（顶部对齐）。

单击【OK】按钮确定，排列后的结果如图 3-21 所示。水平均布很明显，垂直对齐实际上是 R1、R2、R3、R4 四个电阻以最上方的 R2 顶对齐的。

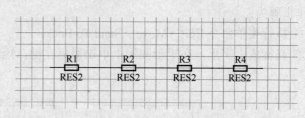

图 3-20　元器件水平均布顶对齐设置　　　　　图 3-21　元器件水平均布顶对齐结果

如果选中水平对齐栏的 Centre 以及垂直对齐栏的 Distribute equally 选项，如图 3-22 所示。设置完成后，单击【OK】按钮确认，排列的结果如图 3-23 所示。

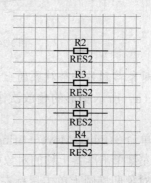

图 3-22　元器件垂直均布中心对齐　　　　　图 3-23　元器件垂直均布中心对齐结果

需要说明的是，如图 3-20 所示的元器件对齐设置对话框中 Move primitives to grid 选项是指排列时元器件位于栅格，选中该选项后，在执行上述元器件自动排列操作时，元器件将始终位于栅格上。

3.2.2　改变对象叠放次序

改变对象叠放次序也是绘制原理图中经常用的。下面我们分别进行介绍。

1. 将对象移到最上层

如图 3-24（a）所示矩形、椭圆、三角形的叠放次序自下而上，如果将矩形移到最上层，其操作方法有两种。

第一种方法：

① 执行 Edit→Move→Move To Front 菜单命令；

② 在矩形图形上单击鼠标左键，则矩形随光标移动；

③ 再单击鼠标左键，矩形图形移到最上层，如图 3-24（b）所示。

第二种方法：

① 执行菜单命令 Edit→Move→Bring To Front；

② 光标成十字形，在矩形图形上单击鼠标左键即可实现将矩形图形移到最上层。

2. 将对象移到最底层

如图 3-24（b）所示椭圆、三角形、矩形的叠放次序自下而上，如果将矩形移到最底层，其操作步骤为：

① 执行菜单命令 Edit→Move→Send To Back；

② 光标成十字形，在矩形图形上单击鼠标左键，矩形图形移到最底层，如图 3-24（a）所示。

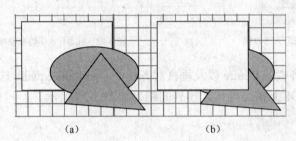

（a）　　　　　　　　　　　　（b）

图 3-24　将对象移到最上层

3. 将一个对象移到另一个对象的上面

如图 3-25（a）所示图形的叠放次序，将矩形移到椭圆与三角形之间，其具体操作步骤为：

① 执行菜单命令 Edit→Move→Bring To Front of；

② 用鼠标左键单击准备上移的对象如矩形，此时该对象消失，如图 3-25（b）所示；

③ 在参考对象即椭圆上单击鼠标左键，则消失的对象（矩形）立即处于参考对象的上面。如图 3-25（c）所示。

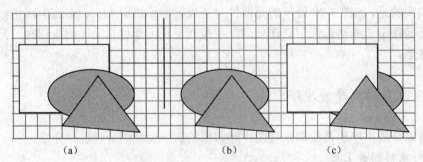

（a）　　　　　　　　（b）　　　　　　　　（c）

图 3-25　将矩形移到椭圆与三角形之间

4. 将一个对象移到另一个对象的下面

具体操作步骤为：

执行菜单命令 Edit→Move→Send To Back of，以下操作同 Bring To Front of。

3.2.3 在原理图中快速查找元器件符号

一张已绘制好的原理图，通常要对某一元器件标号进行修改。我们以第 2 章绘制的原理图 555 应用电路（如图 2-19 所示）为例，说明如何在原理图中快速查找元器件 R1 的操作过程。

在已画好的原理图编辑界面单击鼠标右键，选择 Find Text…或执行 Edit→Find Text 菜单命令，系统弹出 Find Text 对话框，如图 3-26 所示。此对话框各选项功能说明如下。

① Text to find：输入要查找的字符串。

② Scope 区域：查找范围。

图中选择 Sheet：Current Document（当前文件），Selection：All Objection（所有元器件）

③ Options 区域。

Case sensitive：是否区分大小写，选中表示区分，系统默认为不选。

Restrict To Net Identify：选中该项表示仅限于在网络标志中查找，系统默认为不选。

图 3-26 Find Text 对话框

单击 Find Text 对话框下面的【OK】按钮，在原理图中 R1 周围出现虚线框，且出现在编辑窗口中间，如图 3-27 所示。

此时如果想对元器件标号进行编辑（如将 R1 改为 R2），可以执行菜单命令 Edit→Replace Find Text，系统弹出 Find And Replace Text 对话框，如图 3-28 所示。

Text To：输入替换前的字符串，图中为 R1。

Replace With：输入要替换的新字符串，图中为 R2。

Prompt On Replace：找到指定字符串后替换前是否提示确认。

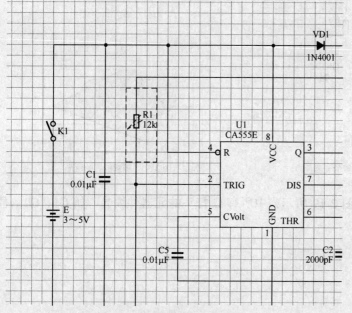

图 3-27 在原理图中查找到元器件 R1

图 3-28 Find And Replace Text 对话框

本 章 小 结

本章主要介绍了原理图绘制过程中常用的 Drawing Tools（绘图工具栏）的使用及原理图编辑器中对象的排列与对齐、改变对象的叠放次序等编辑功能。最后介绍了在已绘制好的原理图中查找元器件符号的方法。

通过本章学习，希望读者能掌握原理图编辑器的上述功能。

练 习 题

1．绘图工具栏的主要用途是什么？

2．在对元器件进行排列和对齐之前，首要的操作是什么？

3．如何利用原理图编辑管理窗口对原理图中的各种元器件进行查找和编辑？

4．采用元器件查找的方式将 BELL、74LS00、21256、8031BH 所在的元器件库设置为当前库。

5．对如图 3-29 所示的一组随意放置的元器件进行水平均布并向底端对齐再对它们进行垂直均布且中心对齐。

6．各图形叠放次序如图 3-30 所示，欲使矩形位于圆角矩形和四边形之间，应进行怎样的操作？

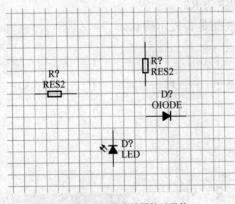

图 3-29　随意放置的元器件

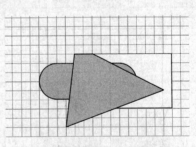

图 3-30　随意放置的图形

7．将第 2 章原理图（如图 2-19 所示）中所有 C 打头的元器件编号，如 C1、C2…替换为 D1、D2…。

第4章 原理图元器件符号编辑

4.1 原理图元器件符号的编辑

在第 2 章中，我们绘制原理图之前，首先要加载电路中元器件符号所在的元器件符号库。尽管 Protel 99 SE 中的原理图元器件符号库已相当丰富，但由于各种全新功能的电子元器件不断涌现，各个国家与各个厂商之间的标准也有所不同，所以在实际的电路设计中，往往需要用户自己创建符合特定要求的元器件符号，并把自己创建的新元器件添加到元器件库中以备调用。

此外，在原理图绘制过程中，用户可能会发现系统提供的元器件符号或自己制作的元器件符号存在一些不合理的地方。Protel 99 SE 提供了一个功能强大的元器件库编辑器，用户不但可以创建和编辑新的元器件和元器件库，而且还可以将一些常用元器件整合到新的元器件库中，给设计工作带来极大的方便。

4.1.1 建立原理图元器件库文件

由于 Protel 99 SE 独特的文件管理方式，启动原理图元器件库编辑器和启动原理图编辑器一样，都要首先建立设计数据库文件。具体步骤如下。

（1）启动 Protel 99 SE，新建一个设计数据库文件，打开 Document 文件夹。

（2）执行 File→New 菜单命令，在系统弹出的编辑器选择对话框内选择 Schematic Library Document 文件图标后单击【OK】按钮或直接双击 Schematic Library Document 文件图标，如图 4-1 所示。系统自动在设计数据库文件中建立一个默认名为 Schlibl.Lib 的原理图元器件库文件，如图 4-2 所示。

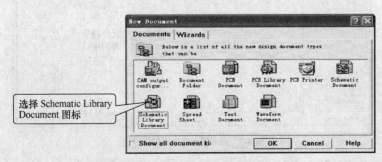

图 4-1 原理图元器件库编辑器的选择

图 4-2　新建的原理图元器件库文件

4.1.2　原理图元器件库文件界面介绍

在新建原理图元器件库文件的基础上，双击图 4-2 中 Schlibl.Lib 文件图标，进入原理图元器件库编辑界面，如图 4-3 所示。由图可以看出，原理图元器件库编辑器窗口界面与原理图编辑器很像，都由菜单栏、工具栏、设计管理器窗口及编辑窗口等部分组成，但是每一部分的内容有很大不同。原理图元器件库编辑器的工具栏除了主工具栏外，编辑区窗口也有两个浮动工具栏，一个是用来绘制原理图元器件符号的画图工具栏，它与原理图编辑器窗口中的画图工具栏相差不大，而 IEEE 符号工具栏是原理图元器件编辑器所特有的。原理图元器件库设计管理窗口也由两个标签组成，其中 Explorer 标签与原理图编辑器完全一样，而元器件符号库管理器窗口却有很大差别。元器件符号编辑窗口也不一样，窗口中间有一坐标轴，其坐标位置为（0，0）点。

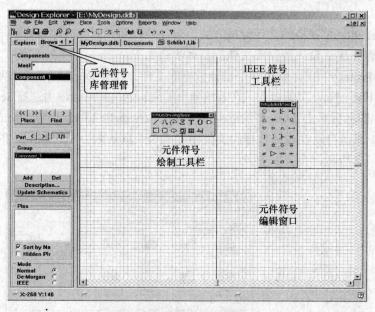

图 4-3　原理图元器件库编辑界面

原理图元器件库编辑器中的元器件符号库管理器有着强大的功能，如图 4-4 所示。为了能熟练地进行元器件编辑，现简要介绍其界面及功能。

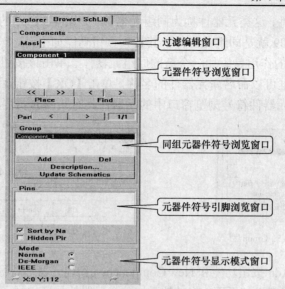

图 4-4　元器件符号库管理器窗口

（1）元器件符号浏览窗口。该项窗口主要是浏览不同元器件符号的名称，各项说明如下。

① Mask：过滤编辑框。该编辑框用于对元器件列表框中的元器件名称进行过滤，它支持通配符*，以便快速地查找所需要的元器件。

② 列表框：列表框显示了当前元器件库中经过 Mask 编辑框过滤后的元器件列表，由于是新建元器件符号库，所以图中只有一个元器件 Component_1，该元器件名是默认的。如果元器件符号库中有多个元器件，可利用该窗口下方的按钮浏览各元器件，其功能如下。

<< ：单击该按钮，则选择当前元器件列表框中的第一个元器件，并在右边编辑窗口中显示该元器件符号。

>> ：单击该按钮，则选择当前元器件列表框中的最后一个元器件，在右边编辑窗口中显示该元器件符号。

< ：单击该按钮可以显示当前元器件库中的上一个元器件，连续单击则按由下向上的顺序浏览元器件库中的元器件。

> ：单击该按钮可以显示当前元器件库中的下一个元器件，连续单击则按由上向下的顺序浏览元器件库中的元器件。

Place：该按钮的作用是将列表框中选中的元器件放到原理图编辑环境下并处于放置元器件命令状态。若当前没有打开任何原理图文件，系统会自动建立并打开一个原理图文件。

Find：该按钮与原理图元器件浏览器中的 Find 按钮作用相同，即打开原理图元器件查找对话框，按用户设置的条件查找所需元器件。

Part 栏：该栏是专门用来浏览复合元器件的单元子件的，若列表框中的是复合元器件，下面两个按钮操作才有效。举例说明，如 Part 栏的显示的分数为 2/4，则 "4" 表示该复合元器件共有 4 个子件（如 74LS00 芯片里就由 4 个相同的与非门构成），"2" 表示当前显示的是第 2 个子件。

< ：单击该按钮则浏览当前子件的前一个子件。

> ：单击该按钮则浏览当前子件的后一个子件。

（2）同组元器件符号浏览窗口。该窗口的作用是列出与当前显示的元器件符号相同，名称却不同的所有元器件，这类元器件称为同组元器件。如图 4-5 所示的 Group 区中 74ALS09、74LS09、7409 及 74S09 就是同组元器件。其各项按钮功能如下。

① Add：该按钮的作用是添加一个新的同组元器件。单击该按钮系统会弹出如图 4-6 所示的对话框，在编辑框可以命名新元器件的名称，单击【OK】按钮，即可完成一个新元器件的加入，该元器件与元器件符号浏览窗口中的元器件具有共同的属性，并且属于同一个组。

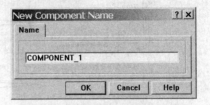

图 4-5 Group 区   图 4-6 同组新元器件的命名对话框

应该指出的是：Add 按钮功能和 New Component（新建元器件符号）命令容易混淆，两者弹出的对话框相同，但意义却不同。前者是添加一个元器件外形相同、管脚号相同、功能相同，但名称却不同的一个同组元器件；后者是新建一个元器件符号。学习时要注意加以区分。

② Del：该按钮的作用与 Add 按钮的作用正好相反，单击 Del 按钮可以删除同组中选中的元器件。

③ Description：单击该按钮可调出元器件属性描述对话框，在对话框中可以对元器件的属性进行编辑。

④ Update Schematics：该按钮的作用是当元器件库中的某个元器件进行修改之后，单击该按钮，则原理图中同名称的元器件立即加以更新。

（3）元器件符号引脚浏览窗口。该窗口的作用是列出 Component 列表框中选中的元器件的引脚信息。其中的两个复选框意义如下。

① Sort by Name：选择该项表示列表框中的引脚按引角名称字母进行排序，若没有选中，则按引脚序号排序。

② Hidden Pin：选择该项表示屏幕右边的编辑区内显示元器件的隐藏引脚及引脚名称，系统默认是不选择该项。

（4）元器件符号模式显示窗口。该窗口的作用是显示原理图元器件符号的三种模式。各项模式意义如下。

① Nornal：正常模式。

② De-Moygan：狄摩根模式。

③ IEEE：IEEE 模式。

系统默认为 Nornal 模式。

4.2 绘制普通元器件符号

原理图元器件库编辑窗口中有两个浮动工具栏，一个是元器件符号绘制工具栏，另一个是 IEEE 符号工具栏，在制作原理图元器件时，常用到的是元器件符号绘制工具栏。

单击主工具栏上的 图标或执行 View→Toolbars→Drawing Toolbar 都可以切换元器件符号绘制工具栏的打开与关闭，元器件符号绘制工具栏各按钮意义如图 4-7 所示。

下面以如图 4-8 所示的 74LS164_1 为例介绍绘制普通元器件符号的基本方法。

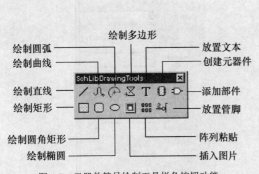

图 4-7　元器件符号绘制工具栏各按钮功能

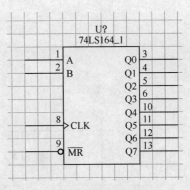

图 4-8　要绘制的元器件符号 74LS164_1

具体操作步骤如下。

（1）启动原理图元器件库编辑器，将元器件库命名为 Myschlib.lib ，双击 Myschlib.lib 文件图标，进入原理图元器件库编辑窗口，当前制作的新元器件名默认为 Component_1，我们可以执行 Tools→Rename Component...在弹出的 New Component Name 对话框中将元器件名改为 74LS164_1，如图 4-9 所示。

（2）单击图 4-9 下面的【OK】按钮进入新元器件的编辑

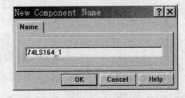

图 4-9　更改新元器件的名称

窗口。为了绘图方便，可以将捕获栅格和可视栅格重新设置。执行 Options→Docutment Options...菜单命令，弹出如图 4-10 所示的元器件库编辑属性设置对话框，将 Grids 区域中的 Snap 编辑框中数值 10 修改为 5，Visible 编辑框设置为 10，单击【OK】按钮完成设置。

（3）将工作区缩放至合适比例，单击画图工具栏上的 图标，此时指针旁边会多出一个大十字符号，将大十字指针中心移动到坐标轴原点处（X：0，Y：0）单击鼠标左键，把它定为直角矩形的左上角，移动鼠标指针到矩形的右下角，再单击鼠标左键画出一个 60mil×90mil 的矩形底框，如图 4-11 所示。

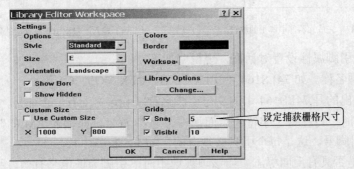

图 4-10　元器件库编辑属性设置对话框

（4）绘制元器件的引脚。执行 Place→Pins 菜单命令或单击绘图工具栏上的 图标，出现十字光标后，按下 Tab 键，弹出引脚属性对话框，在此可设置为：将 Name 设置为 A，Number 设置为 1，Electrical 设置为 Input，其他均为默认设置，如图 4-12 所示。

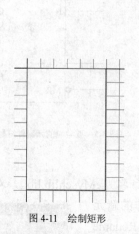

图 4-11　绘制矩形

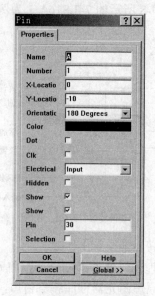

图 4-12　元器件引脚 1 的属性设置

（5）接下来单击【OK】按钮确定，此时引脚图形已粘附在光标上，单击空格按钮旋转使端点为黑圆点朝外（具有黑圆点的一端具有电气特性），移动鼠标至合适位置单击左键，完成引脚 1 的放置，如图 4-13 所示。引脚 2 的放置方法类似。引脚 3～6 及引脚 10～13 放置时注意将 Electrical 设置为 Output，输入、输出引脚放置后结果如图 4-14 所示。

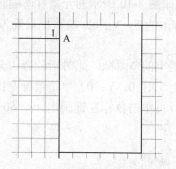

图 4-13　完成元器件引脚 1 的放置

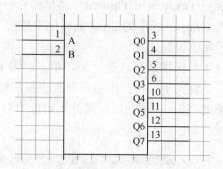

图 4-14　输入、输出引脚放置后结果

关于元器件引脚属性设置对话框，现说明如下：

Name：引脚名称。如 74LS164_1 中的 A、B、CLK、Q0、Q1 等。

需要特别指出的是 74LS164_1 的 9 号引脚名称（$\overline{MR}$）上有一个非号，当我们需要输入这样的引脚名称时，可在每个字符的后面加一个 "\" 符号，即输入 "M\R\"。

Number：引脚号。这是每个引脚必须有的，如 1、2、3、4。

Dot：引脚是否具有反向标志。当该项被选中时，引脚为低电平有效，引脚前加小圆圈。

Clk：引脚是否具有时钟标志。当该项被选中时，引脚为时钟引脚，引脚前加时钟标记。

Electrical ：引脚的电气性质。其中：

Input：输入引脚。

IO：输入/输出双向引脚。

Output：输出引脚。

Open Collector：集电极开路型引脚。

Passive：无源引脚（如电阻、电容的引脚）。

HiZ：高阻引脚。

Open Emitter：发射极输出。

Power：电源、接地引脚（如 VCC 和 GND）。

Hidden：引脚是否被隐藏，选中时该引脚隐藏。

Show Name：是否显示引脚名称，选中时该引脚显示。

Show Number：是否显示引脚号，选中时该引脚号显示。

Pin：引脚的长度。

（6）放置时钟端及清除端。元器件符号的输入及输出引脚放置完后，光标仍处于放置引脚的命令状态，可按 Tab 键，设置下一个引脚的属性，如图 4-15、图 4-16 所示分别为时钟端和清除端引脚属性对话框的设置。前者选中 Clk 复选框，后者因为是反向引脚，应选中 Dot 复选框。

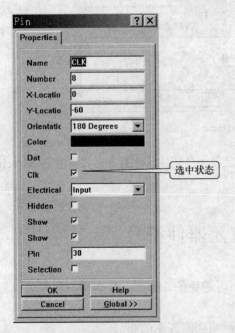

图 4-15　时钟端引脚属性对话框

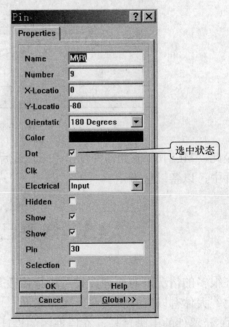

图 4-16　清除端引脚属性对话框

（7）放置 7 号引脚 GND（地）及 14 号引脚 VCC（电源），上述所有引脚放置完后其结果如图 4-17 所示。将 7 号和 14 号引脚设置为隐藏（选中属性对话框中 Hidden 复选框）后，其结果如图 4-18 所示。

（8）定义元器件属性，单击元器件符号操作窗口中的【Description】按钮或执行菜单命令 Tools→Description…，系统弹出 Component Text Fields 对话框，其设置如图 4-19 所示。

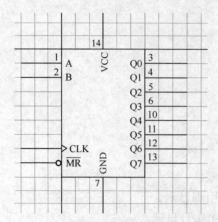

图 4-17　元器件引脚放置完结果

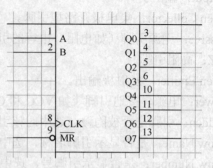

图 4-18　隐藏电源及地引脚后结果

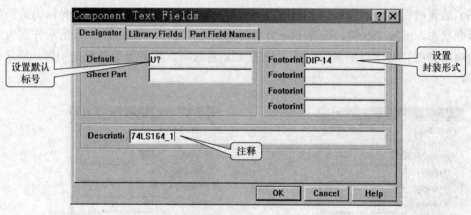

图 4-19　Component Text Fields 对话框设置

至此，74LS164_1 元器件制作完成，最后一定要保存文件，注意元器件保存在 Myschlib.lib 库文件中，以备以后调用。

4.3　修改已有元器件符号

在很多的情况下对原理图符号进行修改是不可避免的。那么，什么样的原理图符号需要修改呢？大体有以下几种情况。

① 元器件的引脚过长，在原理图的设计中影响到原理图的布局。

② 元器件引脚没有名称或名称不能代表引脚的功能。

③ 元器件封装与实际元器件引脚的对应关系不正确。

④ 需要添加必要的注释文字。

总之，只要原理图符号不利于原理图设计，可能妨碍原理图的整体美观及图纸阅览时，都需要对其修改。

下面以第 2 章中使用过的 555 元器件符号为例，讲解其修改的过程。之所以要进行修改是因为图 2-19 整体看起来显得有些凌乱，我们试图修改 555 元器件符号的引脚位置及属性，使电路图看起来简洁、清晰。如图 4-20 为 555 元器件修改前后的比较。

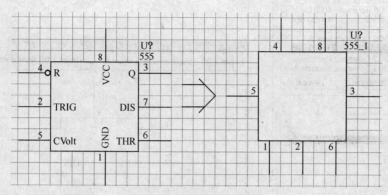

图 4-20　555 元器件修改前后的比较

具体修改操作步骤如下。

（1）首先进入创建元器件的原理图元器件库编辑器界面，如图 4-3 所示。打开自己建的原理图元器件库文件，如 Myschlib.Lib。需要说明的是初学者往往每创建一个新元器件都要新建一个原理图元器件库，这是没有必要的，我们可以把自己创建的新元器件都放到同一个元器件库中，需要的时候调用即可。

（2）执行 Tools→New Component 或单击元器件符号绘制工具栏的新建元器件图标 🔲。系统弹出 New Component Name 对话框，在对话框中输入元器件名，如 555_1，如图 4-21 所示。

（3）设置栅格尺寸。执行菜单命令 Options→Document Options，系统弹出 Library Editor Workspace 对话框，将捕获栅格 Snap 改为 5。

（4）将 555 元器件符号复制到自己的元器件库文件中。

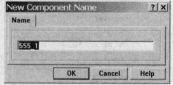

图 4-21　修改新元器件名称

打开原理图文件，可以通过查找功能找到 555 元器件所在的元器件库为 Protel Dos Schematic Libraries.ddb，并将该库添加到元器件库浏览窗口，在元器件管理窗口选中 555 元器件。单击 Edit 按钮，如图 4-22 所示。系统弹出 555 元器件的画面，如图 4-23 所示。将此元器件符号复制到自己的元器件库文件中。复制粘贴的步骤如下：

① 执行 Edit→Select→All 菜单命令，全部选中 555 元器件。

② 执行 Edit→Copy 菜单命令，复制元器件。

注意要设置粘贴参考点，即将十字光标移到元器件图形上单击左键。

③ 切换到第 2 步中新元器件符号 555_1 界面，单击主工具栏的 ↘ 按钮或执行 Edit→Paste 菜单命令，完成复制粘贴过程。

④ 单击主工具栏的 🔳 图标，取消选择。

（5）修改 555 元器件符号。

① 去掉元器件引脚名和引脚反向标志。双击任意一个引脚，弹出引脚属性对话框，去掉引脚名的显示，如图 4-24（a）所示为 1 号引脚名取消显示的设置，其他引脚的操作相同。为简便起见，这个操作也可以通过全局修改方式一次修改完毕。

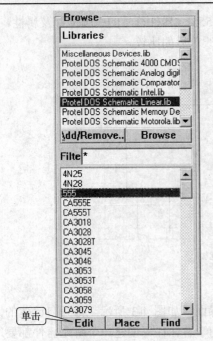

图 4-22　选中待复制的元器件并准备编辑

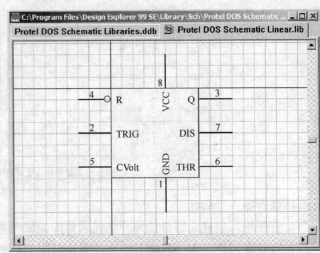

图 4-23　系统弹出的 555 元器件

双击 4 号引脚，在引脚的属性对话框中去掉该引脚的反向标志，如图 4-24（b）所示。

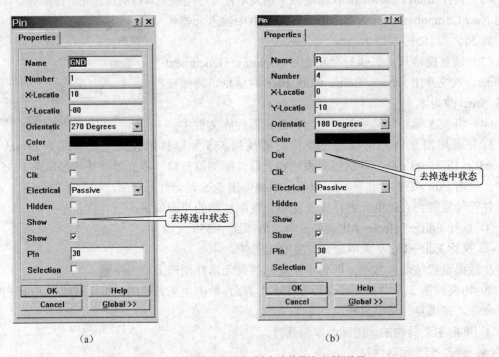

（a）　　　　　　　　　　　　　　　　　（b）

图 4-24　去掉引脚名及引脚反向标志的属性对话框设置

② 移动元器件引脚。拖动鼠标移动引脚至合适的位置，单击鼠标左键确认，结果如图 4-25 所示。

③ 引脚隐藏的属性对话框设置。双击 7 号引脚，在引脚的属性对话框选中该引脚的 Hidden 选项，如图 4-26 所示。

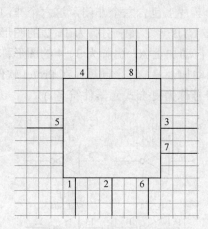

图 4-25　移动引脚后的新元器件

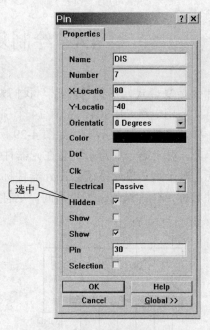

图 4-26　引脚隐藏的属性对话框设置

④ 设置新元器件的属性。执行菜单命令 Tools→Description…，系统弹出 Component Text Fields 对话框，如图 4-27 所示。

（6）保存操作。

单击主菜单的 🖫 按钮，将修改过的元器件保存到 Myschlib.lib 文件库中，以备需要时调用。

现在让我们来看修改了 555 元器件后，重新绘制的原理图，如图 4-28 所示。

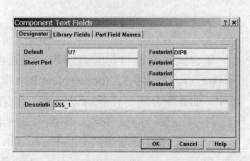

图 4-27　设置修改过的新元器件 555_1 的属性

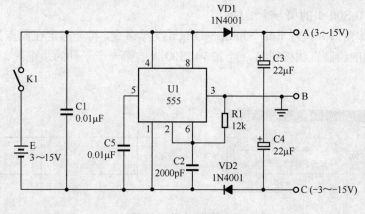

图 4-28　修改后的原理图

图 4-28 与图 2-19 相比较来看，很显然修改 555 元器件符号的引脚位置及属性后，使电路图看起来更简洁、清晰。

4.4　绘制复合式元器件符号

什么是复合式元器件符号呢？我们知道集成电路在一个芯片上往往有多个相同的单元电路。如非门电路 74LS04，它有 14 个引脚，在一个芯片上包含六个非门，这六个非门元器件名一样，只是引脚号不同，如图 4-29 所示的 U1A、U1B 等。其中引脚为 1、2 的图形称为第一单元，对于第一单元系统会在元器件标号的后面自动加上 A，引脚为 3、4 的图形称为第二单元，对于第二单元系统会在元器件标号的后面自动加上 B，其余同理。在 Protel 软件中，元器件名称一样，只是引脚号不同，这样的元器件符号称为复合式元器件符号。

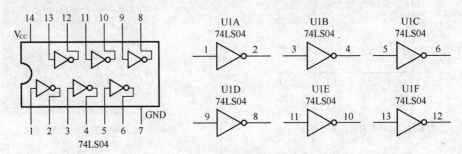

图 4-29　复合式元器件 74LS04 的结构

复合式元器件与前面讲到的普通元器件的绘制大体类似，只是在画好其中一个元器件（子件）后，还要执行 Tools→New Part 菜单命令，然后在打开的新窗口中继续绘制另外的元器件，如此重复进行，就可以完成一个包含多个子件的复合式元器件的绘制了。下面以绘制元器件 74LS00 为例，介绍一下复合式元器件的绘制方法。

（1）打开前面创建的 Mydesign.ddb 设计数据库文件，进入原理图元器件编辑器，在 Myschlib. Lib 元器件库文件中，执行菜单命令 Tools→New Component 将元器件名改为 74LS00_1 并单击下面的【OK】按钮确认，如图 4-30 所示。

（2）绘制 74LS00_1 的第一个子件。

① 放大工作窗口并执行 Edit→Jump→Origin 菜单命令，将光标定在原点处。单击元器件符号绘制工具栏的绘制直线按钮 ╱，绘制 74LS00_1 的第一个子件的边框线，如图 4-31（a）所示。

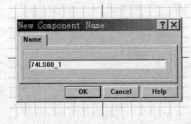

图 4-30　元器件命名对话框

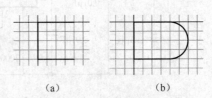

（a）　　　　　（b）

图 4-31　绘制边框线和圆弧

② 单击元器件符号绘制工具栏的绘制圆弧按钮 ⊙，在上一步的基础上绘制一段圆弧。如图 4-31（b）所示。

③ 放置管脚。单击元器件符号绘制工具栏的放置管脚按钮 ⊿，按 Tab 键，弹出引脚属性对话框，具体设置为 Name：空，Number：1，Orientation：180 Degrees，Electrical Tape：Input，把光标移到合适的位置，单击左键，放置第一个管脚（注意具有电气特性的一端朝外）。同理放置第二个管脚，这时管脚号自动加 1；再次按 Tab 键，设置属性为 Name：空，Number：3，Orientation：0 Degrees，Dot：选中，Electrical Tape：Output，把光标移到合适的位置，单击左键，放置第三个管脚。

接着放置电源管脚。引脚属性对话框的具体设置为 Name：VCC，Number：14，Orientation：90 Degrees，Electrical Tape：Power，把光标移到合适的位置，单击鼠标左键，放置管脚 VCC。同理放置管脚 GND（管脚号为 7），需要指出的是：在 Protel 软件中，一般接地引脚都是使用 GND 名称。

至此完成了 74LS00 第一个单元的绘制，结果如图 4-32 所示。其中 Part 中按钮 1/1，分子 1 表示该复合元器件中的第一个子件，分母 1 表示该复合元器件共有的子件个数。此时 74LS00_1 只有一个子件。

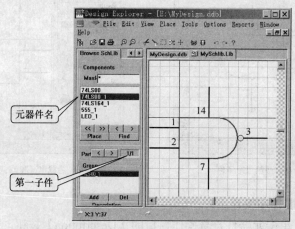

图 4-32　绘制完成第一个子件

（3）执行 Tools→New Part 菜单命令，编辑窗口出现一个新的编辑画面，如图 4-33 所示。在此画面中绘制第二子件。此时切换单元 Part 区域显示为 2/2，表示该复合元器件符号中此时共有 2 个子件，编辑界面要编辑的是第二个子件。要特别指出的是该编辑画面与一个新元器件的编辑画面是不同的。

为了提高效率，我们可以通过元器件切换单元，将刚绘制的第一子件复制粘贴到第二子件编辑画面，然后更改管脚号，即可得到第二子件，如图 4-34 所示。

（4）用以上方法分别绘制第三、第四子件。

（5）隐藏电源（14 号）和地（7 号）引脚。通过切换单元 Part 分别将每一个子件的电源和地引脚属性对话框中的 Hidden 选项选中即可。如图 4-35 所示为第一子件的电源和地引脚隐藏后的结果。

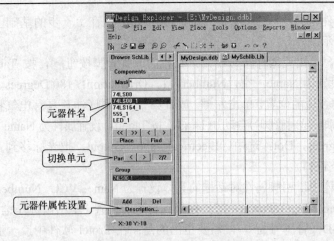

图 4-33　绘制第二个子件的编辑画面

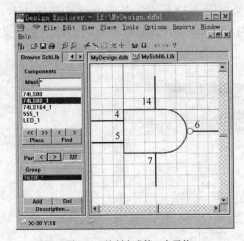

图 4-34　绘制完成第二个子件

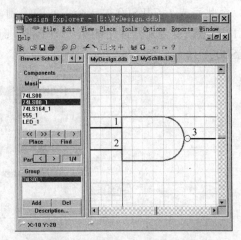

图 4-35　隐藏电源和地引脚后的第一子件

（6）定义元器件属性和保存。

如图 4-33 所示，单击元器件符号操作窗口的【Description】按钮，弹出定义元器件属性对话框，在封装栏写上 DIP14 并加上注释 74LS00_1，如图 4-36 所示，单击下面的【OK】按钮确认并注意保存。至此完成了 74LS00_1 复合式元器件符号的绘制。

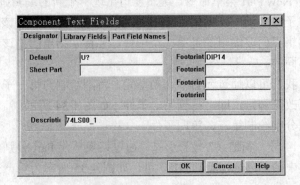

图 4-36　设置元器件的属性

4.5　使用自己绘制的元器件符号

完成自己创建的原理图元器件符号后，在绘制原理图文件时，如果需要就可以使用了。在这里，我们分两种情况来介绍如何使用自己绘制的元器件符号。

（1）原理图文件与自己绘制的元器件符号在同一个设计数据库中。

在已建立的设计数据库中，打开元器件库文件 Myschlib.lib 和原理图文件 Sheet1.sch，在元器件库文件的元器件符号浏览窗口找到需要的元器件（如 LED_1），单击 Place 按钮，如图 4-37 所示。此时十字光标上挂着元器件 LED_1 自动回到已打开的原理图文件 Sheet1.sch 界面上，在编辑窗口合适位置，单击鼠标左键放置即可。

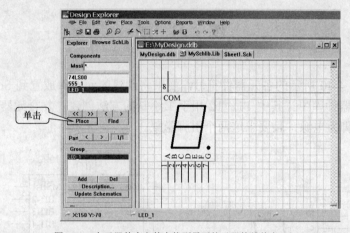

图 4-37　在元器件库文件中找到需要的元器件并单击 Place

（2）原理图文件与自己绘制的元器件符号不在同一个设计数据库中。

方法一：将自己建的元器件符号库复制到另一个设计数据库中，再用上述介绍的方法。

方法二：如果没有打开元器件符号库文件 Myschlib.lib，在绘制原理图时，可以在原理图编辑界面将元器件符号所在的库文件加载到原理图文件列表中，如图 4-38 所示。Schlib1.Lib 所在的设计数据库文件即图中的 Mydesign.ddb，加载后的结果如图 4-39 所示。

图 4-38　将元器件符号所在的库文件加载到原理图文件列表

图 4-39　加载后的结果

本 章 小 结

　　本章主要介绍了原理图元器件库文件的建立以及元器件的创建方法。其中包括普通元器件和复合式元器件的创建。在创建方法上既可以通过元器件绘制工具栏自己绘制，也可以在系统元器件库中找到相关的类似元器件进行修改。最后，介绍了如何在绘制原理图的过程中调用自己创建的元器件。

　　通过本章的学习，希望读者能掌握原理图元器件库、元器件的创建方法及在原理图中的调用方法。

练 习 题

　　1. 创建如图 4-40 所示的各元器件符号，要求将创建的元器件放置到 Schlib.ddb 数据库中的 Mylib.lib 元器件库中。其中 T1、T2 用手工绘制的方法创建，复合元器件 T3 的 8 号引脚为地，16 号引脚为电源，且要求这两个引脚隐藏。

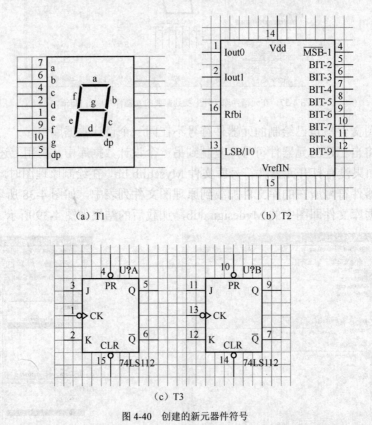

图 4-40　创建的新元器件符号

　　2. 绘制如图 4-41 所示的各元器件，要求将制作的元器件放置在题 4.1 的元器件库中。

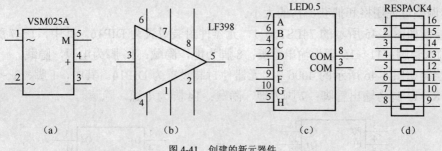

图 4-41　创建的新元器件

3．通过查找元器件的方法找到高速光耦 6N137 所在的元器件符号库，并将该库中高速光耦 6N137 的所有引脚长度改为 10mil。将元器件命名为 6N137_1，并保存到题第 4 章第 1 题中的 Mylib.lib 元器件库中。

4．建立新的原理图库文件 Myschlib.Lib，并在库文件中建立如图 4-42 所示的新元器件，并将该新建立的元器件命分别命名为 Sch1_01、Sch1_02。

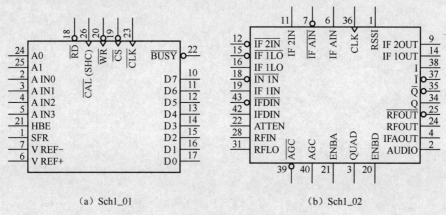

（a）Sch1_01　　　　　　　　　　　（b）Sch1_02

图 4-42　创建的新元器件

新建原理图文件，命名为 Sheet_01。在原理图文件中添加元器件 Sch1_01 并保存以上操作结果。

5．如何在原理图中选用复合元器件的不同子件？

6．绘制如图 4-43 所示的双联电位器，元器件名为 POT3，元器件图形复制 Miscellaneous Devices.lib 的 POT2，并把活动端引脚改为 2，另一固定端的引脚号改为 3。

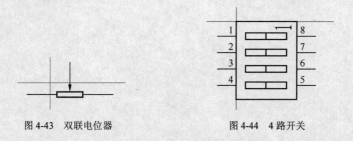

图 4-43　双联电位器　　　　　　　图 4-44　4 路开关

7．绘制如图 4-44 所示的开关元器件，元器件名为 SW DIP4_1，设置矩形为 50mil×40mil，注意适当调整可视栅格和捕获栅格的大小。

8．绘制如图 4-45 所示的 74LS160_1，元器件封装设置为 DIP16。其中，1～7 脚、9 脚、10 脚为输入管脚；11～15 脚为输出管脚；8 脚为地，隐藏；16 脚为电源，隐藏。

9．绘制如图 4-46 所示的 4006_1，元器件封装设置为 DIP14。其中，1 脚、3～6 脚为输入管脚；8～13 脚为输出管脚；7 脚为地，隐藏；14 脚为电源，隐藏。

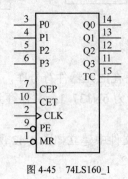

图 4-45　74LS160_1

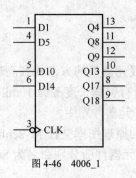

图 4-46　4006_1

第 5 章　层次原理图

单个原理图的设计适用于规模小且逻辑结构比较简单的电路设计，而一个大的电路系统中元器件数量繁多，结构关系复杂，很难在一张原理图上完整绘制出来。针对这种情况，Protel 99 SE 支持一种层次化原理图设计方法。

5.1　认识层次原理图

1. 层次原理图概念

层次原理图的设计理念是将一个大的系统电路进行模块划分，即每一个电路模块都应该有明确的功能特征和相对独立的结构，有统一的接口，便于彼此之间的连接，一个模块可以绘制一个电路原理图，这种电路原理图称为子电路图。电路的整体功能用主电路图来描述，主电路图主要由若干个方块电路符号组成，每个方块电路符号对应一个子电路图，方块电路符号的连接表明了电路各模块之间的连接关系。这样就把整个系统电路的设计分解成主电路图和若干个子电路图分别进行设计。

2. 层次原理图基本结构

层次原理图的设计就是将一个电路分解成多个互相联系的单元电路。整个项目中只能有一个主电路图和若干个子电路图，子电路图又可以再进行功能模块划分，包含若干个子电路图，如图 5-1 所示是一个一级层次原理图结构。其中各子电路图就是一个具体功能的电路原理图，只不过在单个原理图基础上加了一些输入/输出端口，通过这些输入/输出端口可以和主电路图实现电气连接。下面分别介绍层次原理图各组成部分。

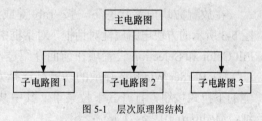

图 5-1　层次原理图结构

5.2　层次原理图的结构

5.2.1　主电路图

主电路图主要元素不再是具体的元器件，而是代表子电路图的方块图，它主要由方块电路符号与方块电路端口符号组成，如图 5-2 所示。

方块电路就是设计者通过组合其他元器件自己定义的一个复杂元器件，这个复杂元器件在图纸上用简单的方块图来表示，至于这个复杂元器件由哪些其他元器件组成，内部的接线又如何，可以由其对应的子电路图来详细描述。

1. 方块电路

启动放置方块电路有两种方法。方法一：单击 Wiring Tools 工具栏中的 按钮；方法二：执行 Place→Sheet Symbol 菜单命令。

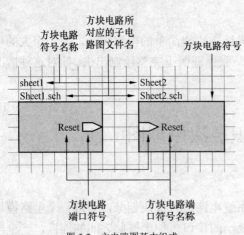

图 5-2 主电路图基本组成

图 5-3 方块电路属性对话框

（1）放置方块电路。

启动放置方块电路命令后，光标变成十字状并挂着上次画过的方块图，在编辑界面合适位置单击鼠标左键确定方块图的左上角，再将光标移到方块图的右下角，即可展开一个区域，单击鼠标左键，完成该方块图的放置。单击右键，退出放置方块电路状态。

（2）设置方块电路编辑对话框。

在放置方块电路状态下，按 Tab 键或用鼠标左键双击已放置的方块电路，即可打开如图 5-3 所示的方块电路属性对话框。对话框中共有 12 个设置项，其中，X-Location、Y-Location、Fill Color 和 Selection 设置项在前面介绍过，下面只介绍剩下的 8 个设置项。

① Border Width 选择项的功能是选择方块电路边框的宽度。单击 Border Width 选择项右侧的下拉式按钮，打开其下拉菜单，其中共有四种边线的宽度，即 Smallest：最细；Small：细；Medium：中等；Large：粗。

② X-Size 选项的功能是设置方块电路的宽度。

③ Y-Size 选项的功能是设置方块电路的高度。

④ Border Color 选项的功能是设置方块电路的边框颜色。

⑤ Draw Solid 选项的功能是设置方块电路内是否要填入 Fill Color 所设置的颜色。

⑥ Show Hidden 选项是设置是否显示方块电路。

⑦ File Name 设置项的功能是设置方块电路所对应的文件名称。此处为 Power.Sch。

⑧ Name 选项的功能是设置方块电路的名称，此处为 Power。

设置完成后，单击方块电路编辑对话框下面的【OK】按钮。

2. 方块电路端口

如果说方块电路是自己定义的一个复杂元器件，那么可以理解为方块电路端口就是这个复杂元器件的输入/输出引脚。如果方块电路图没有端口的话，那么方块电路图便没有任何意义。它既表明各方块电路之间名称相同的端口是电气连接的，也表明方块电路与和它同名的子电路图的 I/O 端口是电气连接的。

启动放置方块电路端口有两种方法：方法一，单击 Wiring Tools 工具栏中的图标⬚；方法二，执行菜单命令 Place→Add Sheet Entry。

（1）放置方块电路端口。

启动放置方块电路端口命令后，光标变成十字状，将光标移到方块电路边界上，单击鼠标左键，光标上面出现一个小圆点并挂着一个方块电路端口，确定合适的位置后单击鼠标左键，即可在该处放置一个方块电路端口，单击右键可退出放置方块电路端口状态。

（2）设置方块电路端口对话框。

在放置方块电路端口状态下，按 Tab 键或用鼠标左键双击已放置的方块电路端口，弹出方块电路端口属性对话框，如图 5-4 所示。

在方块电路端口属性对话框内共有 9 个设置项。其中，我们将重点说明以下设置项。

① Name 选项的功能是设置方块电路端口的名称。

② I/O Type 选项的功能是选择方块电路端口的形式，它代表该端口的电学类型。其中包括四个选择项，Unspecified：即无方向式信号端口；Output：输出型端口；Input：输入型端口；Bidirectional：输入/输出双向型端口。

③ Style 选项的功能是选择方块电路端口的箭头方向。包括四种，即 None：无箭头；Left：左箭头；Right：右箭头；Left&Right：双向箭头。

④ Side 选项的功能是选择方块电路端口是在方块电路的左边还是右边。一般在设计时，不需要设置此项，只需要移动鼠标确定即可。

⑤ Position 选项的功能是设置方块电路端口的位置，从方块电路的上边界开始计算。

⑥ Text 选项的功能是设置方块电路端口名称的颜色。

如图 5-5 所示为设置好的 Z80 Processor.prj 中串行接口方块电路及其端口，方块电路的名称为 Serial Interface，方块电路所对应的子电路图文件名称为 Serial Interface.Sch。其中 Z80 Processor.prj 在 Design Explorer 99 SE\Examples 目录下，文件名为 Z80 Microprocessor.Ddb。

图 5-4　方块电路端口属性对话框

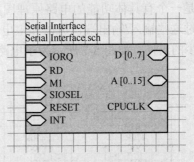

图 5-5　方块电路及其端口

在所有的方块电路图及其端口都放置好后，根据它们之间的连接关系用导线或总线进行连接，就得到了主电路图。主电路图文件的扩展名是.prj。如图 5-6 为 Z80 Processor.prj 的主电路图。

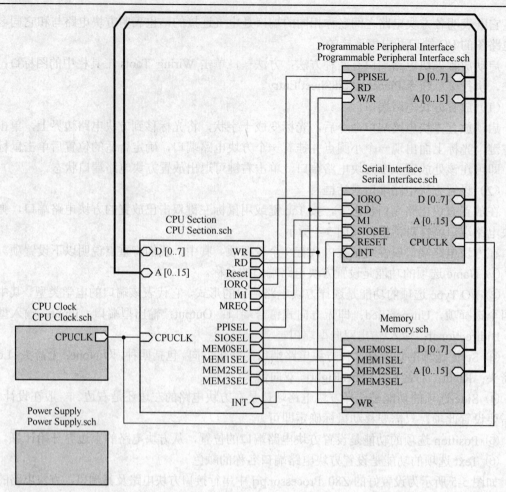

图 5-6　Z80 Processor.prj 主电路图

5.2.2　子电路图

子电路图是一个有具体功能的电路原理图，只不过在单个原理图基础上加了一些输入/输出端口，通过这些输入/输出端口可以和主电路图实现电气连接，输入/输出端口是层次电路设计不可缺少的组件。如图 5-7 所示为子电路图 CPU Clock.sch。

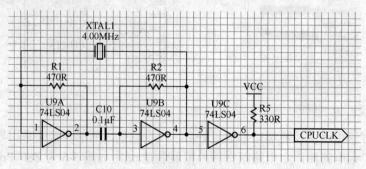

图 5-7　子电路图 CPU Clock sch

电路原理图的绘制第 2 章中已讲过了，下面主要介绍输入/输出端口的放置与设置。

启动放置输入/输出端口有两种方法：方法一，单击 Wiring Tools 工具栏中的 图标；方法二，执行 Place→Port 菜单命令。

1. 放置输入/输出端口

在启动放置输入/输出端口后，光标变成十字状，并且在它上面挂着一个输入/输出端口图，在合适的位置单击鼠标左键，光标上会出现一个圆点，即表示此处有电气连接点，这样确定输入/输出端口的一端；移动鼠标使输入/输出端口的大小合适，再次单击鼠标左键，即可完成一个输入/输出端口的放置。单击鼠标右键，可退出放置输入/输出端口状态。放置步骤如图 5-8 所示。

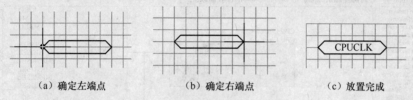

    (a) 确定左端点　　　　　　(b) 确定右端点　　　　　　(c) 放置完成

图 5-8　输入/输出端口的放置步骤

2. 输入/输出端口的设置

在放置输入/输出端口状态下，按 Tab 键或用鼠标左键双击已放置的输入/输出端口，弹出输入/输出端口属性对话框，如图 5-9 所示。

对话框中共有 11 个设置项，其中多数与方块电路图端口属性对话框完全一样，这里不再重复，下面只介绍不同的两项。

（1）Alignment 选项的功能是设置输入/输出端口名称在输入/输出端口中的对齐方式，其中有 Left、Right、Center 三种对齐方式。

（2）Length 选项的功能是用来设置输入/输出端口的长度。

需要说明的是：子电路图文件的扩展名是.sch。且子电路输入/输出端口名称与对应的方块电路端口名称完全一致。

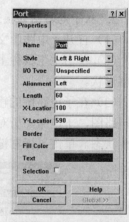

图 5-9　输入/输出端口属性对话框

5.2.3　不同层次电路文件之间的切换

在进行较大规模的原理图设计时，所需要的层次原理图张数很多。这时我们需要在多张原理图之间进行切换。对于较简单的层次原理图，我们可以单击项目管理器中的文件名或文件名前面的图标即可进行切换。如图 5-10 所示为 Z80 Processor.prj 在项目管理器中的导航树。

图 5-10　Z80 Processor.prj 的导航树结构

我们遇到的更多情况是在很复杂的层次原理图之间进行切换，比如我们想从主电路切换到它下面某一方块电路所对应的子电路或从某一子电路图切换到它所对应的方块电路。下面我们就以 Z80 Processor.prj 为例介绍实现层次电路文件切换的方法。

1. 从方块电路图切换到子电路图

（1）打开方块电路图文件。

（2）单击主工具栏上的 ▨ 图标，或执行菜单命令 Tools→Up\Down Hierarchy，光标变成十字形状。

（3）在准备要查看的方块电路上单击鼠标左键，如图 5-11 所示。系统立即切换到该方块图对应的子电路图上。

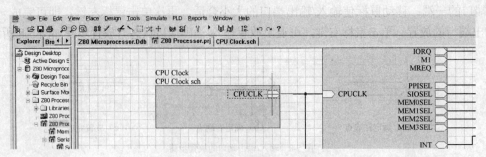

图 5-11　从方块电路图切换到子电路图

2. 从子电路图切换到方块电路图（主电路图）

（1）打开子电路图文件，如 CPU clock.sch。

（2）单击主工具栏上的 ▨ 图标，或执行菜单命令 Tools→Up\Down Hierarchy，光标变成十字形状。

（3）在子电路图的输入/输出端口上单击鼠标左键，如图 5-12 所示。则系统立即切换到主电路图，子电路图所对应的方块电路图位于编辑窗口中央，且鼠标左键单击过的端口处于聚焦状态。单击鼠标右键退出切换命令状态。

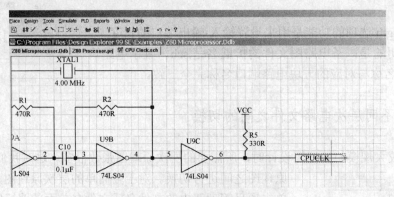

图 5-12　从子电路图切换到方块电路图

5.3　层次原理图的设计

层次原理图设计就是将较大的电路图划分为很多的功能模块，再对每一个功能模块进行处理或进一步细分的电路设计方法。层次电路图设计的关键在于正确地传递层次间的信号，在层次电路图设计中，信号的传递主要靠方块电路、方块电路端口、子电路输入/输出端口来实现。

为了让大家对层次电路设计有一个清晰的概念，我们先来介绍一个电路实例，即在 Design Explorer 99 SE\Examples 目录下，文件名为 Z80 Microprocessor.ddb。打开该文件，便可激活所有电路图（主电路和各自电路）。

现在我们就以 Z80 Microprocessor 为例，具体说明层次电路的设计方法及步骤。层次电路设计通常有自顶向下和自底向上两种方法。

5.3.1　自顶向下层次原理图设计

自顶向下的层次原理图设计方法的思路是，先设计主电路图，再根据主电路图设计子电路图。

首先设计出如图 5-6 所示的主电路图，再将该图中的各个模块具体化设计各子电路，下面主要以如图 5-13 所示的 CPU Clock 为例说明如何产生对应的 CPU Clock.sch 原理图。具体步骤如下：

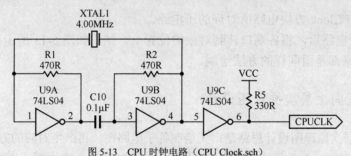

图 5-13　CPU 时钟电路（CPU Clock.sch）

（1）执行 File→New Design 菜单命令，创建一个新的设计数据库。

（2）执行 File→New 菜单命令，系统弹出 New Document 对话框，选择 Document Fold（文件夹）图标，将该文件夹的名字改为 Z80。

（3）设计主电路图。

① 打开 Z80 文件夹，创建一个新的原理图文件（项目文件），并改名为 Z80.prj。如图 5-14 所示。

② 打开 Z80.prj 文件，放置名为 CPU Clock 方块电路图及方块图端口。可参考图 5-2 介绍的方法。

③ 用同样的方法完成其他方块电路及其端口的放置。

④ 根据连接关系，在各方块电路的端口之间用导线（wire）或总线（Bus）进行连线。完成后即可得到如图 5-6 所示的主电路图。

（4）设计子电路图。

子电路图是根据主电路图中的方块电路，利用有关命令自动建立的，不能用建立新文件的方法建立。具体操作步骤如下：

① 在主电路图中执行 Design→Create Sheet From Symbol 菜单命令，光标变为十字形。

② 将十字光标移到名为 CPU Clock 的方块电路上，单击鼠标左键，系统弹出 Confirm 对话框，如图 5-15 所示要求用户确认端口的输入/输出方向。如果选择 Yes，则所产生的子电路图中的 I/O 端口方向与主电路图方块电路中端口的方向相反，即输入变成输出，输出变成输入；如果选择 No，端口方向不变，而后系统自动生成名为 CPU Clock.sch 的子电路图，且自动切换到 CPU Clock.sch 子电路图文件。此时子电路图文件包含了 CPU Clock 方块电路中的

所有端口，无需自己再放置输入/输出端口。

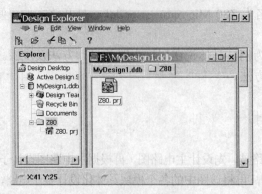

图 5-14　建立项目文件

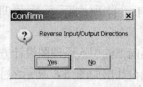

图 5-15　Confirm 对话框

③ 绘制 CPU Clock 方块电路所对应的子电路。

④ 绘制完子电路后，将各端口移到对应的位置上，结果如图 5-13 所示。

其他各子电路都是用同样的方法绘制。

5.3.2　自底向上层次原理图设计

自底向上的层次原理图设计思路是：先绘制各子电路图，再产生对应的方块电路图。下面仍然主要以 CPU Clock.sch 为例来说明如何产生对应的 CPU Clock 方块图。具体操作步骤如下。

1. 建立子电路图文件

（1）执行 File→New Design 菜单命令，创建一个新的设计数据库。

（2）执行 File→New 菜单命令，系统弹出 New Document 对话框，选择 Document Fold（文件夹）图标，将该文件夹的名字改为 Z80。

（3）在 Z80 文件夹下面，建立一个新的原理图文件，如文件名为 CPU Clock.sch。

2. 创建子电路图

（1）打开原理图文件 CPU Clock.sch，绘制如图 5-13 所示的子电路图。

（2）利用 5.2.2 节介绍的方法，绘制子电路图上的输入/输出端口。

其他子电路图及其输入/输出端口用同样的方法绘制。

3. 设计主电路图

（1）在 Z80 文件夹下，新建一个原理图文件，并将文件名改为 Z80.prj。

（2）打开 Z80.prj 文件。执行菜单命令 Design→Create Symbol From Sheet，系统弹出 Choose Document to Place 对话框，如图 5-16 所示。

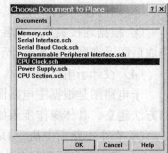

图 5-16　选择电路图对话框

（3）选择准备转换为方块电路的原理图文件名。如 CPU Clock.sch，单击对话框下面的【OK】按钮。在放置好 CPU Clock.sch 所对应的方块电路中已包含该子电路中所有的输入/输出端口，无需再进行放置。

其他方块电路图的设计重复上述第（2）、（3）步。

（4）在各方块电路端口之间连线，最后得到如图 5-6 所示的主电路图。

由于上述两种方法各有特点，在设计层次电路图时，是采用自顶向下的方法还是采用自底向上的方法，可根据具体情况确定。

本 章 小 结

本章主要介绍了层次原理图的概念及其设计方法。通过具体电路说明了主电路图、子电路图的概念，以及它们之间的切换方法。另外还介绍了自顶向下和自底向上的层次原理图的设计方法。

通过本章学习，希望读者能掌握一般层次原理图的绘制方法。

练 习 题

1．层次原理图中的方块电路端口与对应的子电路中的输入/输出端口有什么关系？

2．如何在层次原理图项目中迅速地找到某一方块电路所对应的子电路？

3．用自顶向下的方法完成层次原理图主电路及其中 1 个子电路。主电路 DPJ.prj 和子电路 MEM.sch 分别如图 5-17（a），图 5-17（b）所示。

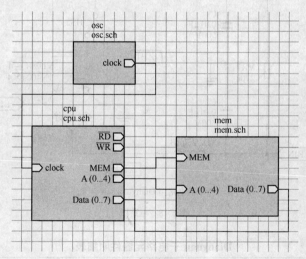

（a）主电路图 DPJ.prj

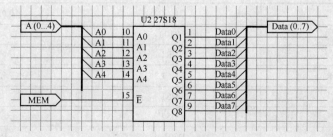

（b）子电路图 MEM.sch

图 5-17　电路图

4. 绘制如图 5-18（a）所示的主电路图，并绘制该方块图下的一个子电路图 Dianyuan.sch，如图 5-18（b）所示。该子电路中电路元器件说明如表 5-1 所示。

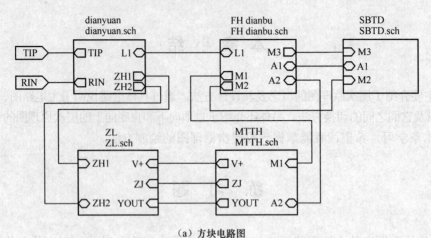

（a）方块电路图

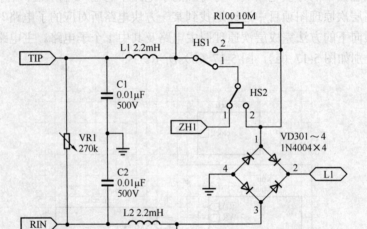

（b）子电路图 Dianyuan.sch

图 5-18 电路图

表 5-1 **Dianyuan 子电路元器件明细表**

Lib Ref	Designator	Part Type
CAP	C1、C2	0.01uF/500V
RES2	R100	100M
RES4	VR1	270k
INDUCTOR	L1、L2	2.2 mH
SW SPDT	HS1	HS1
SW SPDT	HS2	HS2
BRIDGE1	D301~4	IN4004*4

元器件库：Miscellaneous Devices.ddb

5. 用自底向上的方法设计如图 5-19 所示的主电路图及如图 5-20（a）、图 5-20（b）所示的两个子电路图。

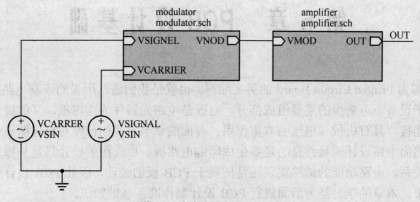

图 5-19　主电路图 AMPMOD.prj

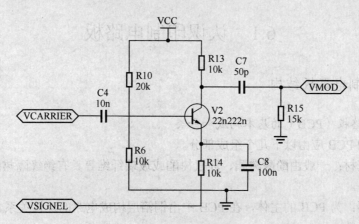

（a）子电路图 modulator.sch

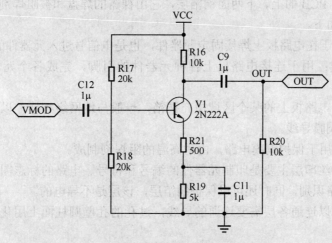

（b）子电路图 amplifier.sch

图 5-20　子电路图

第 6 章　PCB 设计基础

PCB 即为 Printed Circuit Board 的英文缩写。也就是我们通常所说的印制电路板。印制电路板是电子设备不可缺少的重要组成部分。它既是电路元器件的支撑板，又能提供元器件之间的电气连接，具有机械和电气的双重作用。前面的章节中我们已经对原理图设计进行了详细介绍，然而电路设计的最终目的是要生成印制电路板。原理图的设计只是从原理上给出了电气连接关系，电路功能的最终实现还是依赖于 PCB 板的设计，因此 PCB 设计是电路设计的最终结果。本章的学习是为后面进行 PCB 设计制作准备基础知识。

6.1　认识印制电路板

6.1.1　印制电路板结构

1. 印制电路板（PCB）的基本构成和分类

一块完整的 PCB 应由以下几个组成部分。

（1）绝缘基材：一般由酚醛树脂、环氧树脂或玻璃纤维等具有绝缘隔热的材质制成，用于支撑整个电路。

（2）铜箔层：为 PCB 的主体，在 PCB 中由铜箔层构成电路的连接关系，PCB 板的层数定义为铜箔的层数。

（3）铜箔面：PCB 的上、下两面铜箔层，它由裸露的焊盘和被阻焊剂覆盖的铜膜电路组成，各部分意义如下。

① 焊盘：用于在电路板上焊接固定元器件，也是电信号进入元器件的通路组成部分。

② 铜膜导线：用于连接电路板上各种元器件的引脚，完成各个元器件之间电信号的连接。

③ 覆铜：在电路板上的某个区域填充铜箔，一般与地网络相连，以改善电路的性能，实际上覆铜也是铜膜导线。

④ 阻焊层：用于保护铜膜电路，由耐高温的阻焊剂制成。

⑤ 丝印层：丝印层主要是印制元器件的编号和符号、电路的标志图案和文字代号等，便于加工时的电路识别，同时还可以保护铜箔层，该层是不导电的。

⑥ 过孔：用以连通各层需要连通的导线，过孔的孔壁圆柱面上用化学沉积的方法镀上一层金属。

PCB 按结构分为以下三种。

（1）单面板。

单面印制板指仅一面有导电图形的印制电路板，板的厚度在 0.2～5.0mm，它是在一面覆有铜箔的绝缘基板上，通过印制和腐蚀的方法在基板上形成印制电路。它适用于一般要求的电子设备，如收音机、电视机等。它具有不用打过孔、成本低等优点，但因其只能单面布导线使实际的设计工作往往比双面板和多层板困难。

（2）双面板。

双面板指两面都有导电图形的印制板，板的厚度为 0.2～5.0mm，它是在两面覆有铜箔的绝缘基板上，通过印制和腐蚀的方法在基板上形成印制电路，两面的电气互连通过金属化过孔实现。双面板两面都可以布线，它适用于要求较高的电子设备，如计算机、电子仪表等，由于双面印制板的布线密度较高，所以能减小设备的体积。是现在最常用的一种印制电路板。

（3）多层板。

多层板是由交替的导电图形层及绝缘材料层层压、黏合而成的一块印制板，导电图形的层数在两层以上，层间电气互连通过金属化过孔实现。多层印制板的连接线短而直，便于屏蔽，但印制板的工艺复杂，由于使用过孔可靠性稍差。它常用于计算机的板卡中。多层板的设计往往不是面向元器件和布线的设计，而是采用硬件描述语言（VHDL）来进行模块化设计的。其缺点是制作成本很高。一般只有在高级的电路中才会使用多层板。如图 6-1 所示为四层板剖面图。通常在电路板上，元器件放在顶层，所以一般顶层也称元器件面，而底层一般是焊接用的，所以又称焊接面。

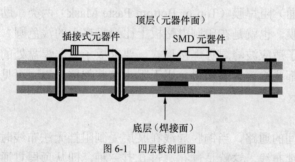

图 6-1　四层板剖面图

2. PCB 的功能

在 PCB 上通常有一系列的芯片、阻容等元器件，它们通过 PCB 上的导线连接构成电路，电路通过连接器或插槽进行信号的输入、输出，从而实现一定的功能。PCB 的功能可以概括为以下三点。

（1）提供电路的电气连接。

（2）为电路中的各种元器件提供必要的机械支撑。

（3）用标记符号将板上所安装的各个元器件标注出来，便于插装、检查及调试。

6.1.2　印制电路板中的各种对象

1. 焊盘（Pad）

焊盘的作用是放置焊锡、连接导线和元器件引脚。焊盘是 PCB 设计中最常接触也是最重要的概念，但初学者却容易忽视它的选择和修正，在设计中使用最多的是圆形焊盘。选择元器件的焊盘类型要综合考虑该元器件的形状、大小、布置形式、振动和受热情况、受力方向等因素。Protel 软件在 PCB 编辑器中给出了一系列不同大小和形状的焊盘，如圆、方、八角、圆方和定位用焊盘等，但有时这还不够用，需要自己编辑。例如，对发热且受力较大、电流较大的焊盘，可自行设计成"泪滴状"。一般而言，自行编辑焊盘时除了以上所讲的外，还要考虑如需要在元器件引脚之间走线时，选用长短不对称的焊盘、各元器件焊盘通孔的大小要按元器件引脚粗细分别编辑确定，原则是通孔的尺寸比引脚直径大 0.2～0.4mm 等。

焊盘可分为插接式和表面粘贴式（表贴式）两大类，其中插接式焊盘必须钻孔，而表贴式焊盘无须钻孔，如图 6-2 所示为插接式焊盘示意图。

2. 铜膜导线（Tracks）、飞线

铜膜导线也称铜膜走线，简称导线，用于连接各个焊盘，完成各元器件之间的电气连接，是印制电路板的重要组成部分。印制电路板设计都是围绕如何布置导线来进行

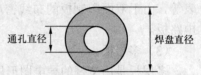

图 6-2　插接式焊盘示意图

的。飞线也称为预拉线，它是在系统装入网络表后，根据规则生成的，用来指引布线的一种连线。飞线只是在形式上表示出各个焊盘间的连接关系，没有电气的连接意义。

3. 助焊膜和阻焊膜

各类膜（Mask）不仅是 PCB 制作工艺过程中必不可少的，更是元器件焊装的必要条件。按各类膜所处的位置及其作用，可分为元器件面（或焊接面）助焊膜（Top or Bottom Solder）和元器件面（或焊接面）阻焊膜（Top or Bottom Paste Mask）两类。助焊膜是涂于焊盘上，提高可焊性能的一层膜，也就是在印制电路板上比焊盘略大的浅色圆。阻焊膜的情况正好相反，为了使制成的板子适应波峰焊等焊接形式，要求板子上非焊盘处的铜箔不能粘锡，因此在焊盘以外的各部位都要涂覆一层涂料，用于阻止这些部位上锡。可见，这两种膜是一种互补关系，如图 6-3 所示。

4. 过孔（Via）

用于连接各层之间的通路，当铜膜导线在某层受到阻挡无法布线时，可钻上一个孔，通过该孔翻到另一层继续布线，这就是过孔。过孔有三种，即从顶层贯通到底层的穿透式过孔（Through）、从顶层通到内层或从内层通到底层的半盲孔（Blind）以及只在中间层之间导通，而没有穿透到顶层或底层的盲孔（Buried）。

过孔从上面看上去，有两个尺寸，即外圆直径和过孔直径，如图 6-4 所示。外圆直径和过孔直径间的孔壁是由与导线相同的材料构成。

阻焊膜　　铜膜　　助焊接（在铜膜的边缘）

图 6-3　助焊膜和阻焊膜

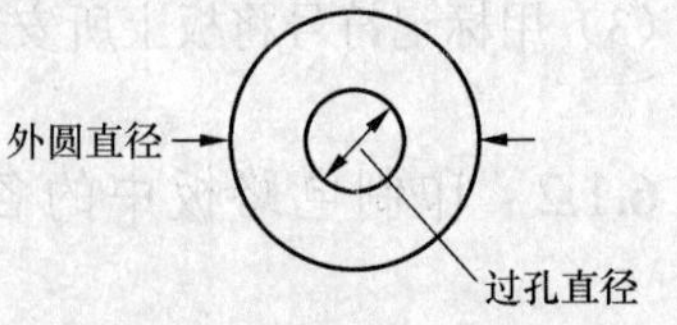

外圆直径

过孔直径

图 6-4　过孔的外圆直径与过孔直径

一般而言，设计线路时对过孔的处理有以下原则：

（1）尽量少用过孔，一旦选用了过孔，务必处理好它与周边各实体的间隙，特别是容易

被忽视的中间各层和过孔不相连的线与过孔的间隙。

（2）需要的载流量越大，所需的过孔尺寸越大，如电源层和地层与其他层连接所用的过孔就要大一些。

5. 字符、元器件符号轮廓

为方便电路的安装和维修，在印制电路板的上下两表面通常印上所需要的标志图案和文字代号等，例如元器件标号和标称值、元器件外廓形状和厂家标志、生产日期等便于装配和维修，如图 6-5 所示。

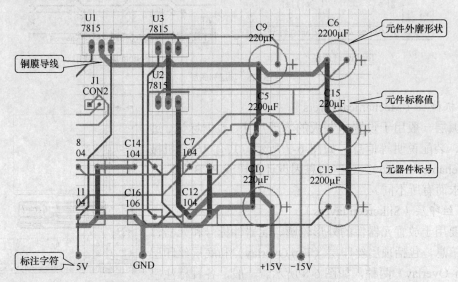

图 6-5 PCB 中的字符、元器件标号、标称值等对象

6.2 了解印制电路板图的工作层

Protel 99 SE 中提供了多个不同类型的工作层面，下面介绍它们的功能。

1. 信号层（Signal layers）

信号层主要用于放置元器件和与导线有关的电气元素，共有 32 个信号层。其中顶层（Top layer）和底层（Bottom layer）可以放置元器件和铜膜导线，如图 6-6 所示。其余 30 个为中间信号层（Mid layer1～30），只能布设铜膜导线，置于信号层上的元器件焊盘和铜膜导线代表了电路板上的覆铜区。

2. 内部电源/接地层（Internal plane layers）

内部电源/接地层主要用来放置电源线和地线。共有 16 个电源/接地层（plane11～16）。该类型的层仅用于多层板。我们所说的四层板、六层板，一般指信号层和内部电源/接地层的数目。

可以给内部电源/接地层命名一个网络名，在设计过程中 PCB 编辑器能自动将同一网络上的焊盘连接到该层上。

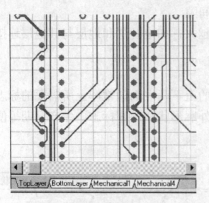
Top layer（顶层）

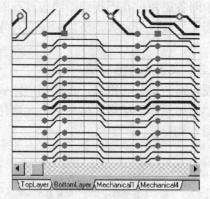
Bottom layer（底层）

图 6-6　顶层和底层

3．机械层（Mechanical layers）

机械层一般用于设置印制板的物理尺寸、数据标记、过孔信息、装配说明等信息，如图 6-7 所示。共有 16 个机械层（Mechanical1～16）。这些信息因设计公司或 PCB 制造厂家的要求而有所不同。

4．丝印层（Silkcreen layers）

主要用于放置元器件的外形轮廓、元器件标号和元器件注释等信息，包括顶层丝印层（Top Overlay）和底层丝印层（Bottom Overlay）两种，如图 6-8 所示。一般，各种标注字符都在顶层丝印层，底层丝印层可关闭。

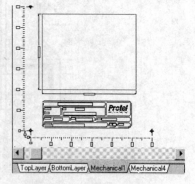

图 6-7　Mechanical1（机械层 1）

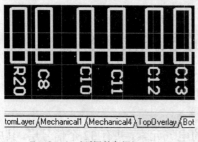
Top Overlay（顶层丝印层）

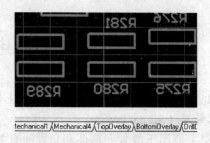
Bottom Overlay（底层丝印层）

图 6-8　顶层丝印层和底层丝印层

不少初学者设计丝印层的有关内容时，往往只注意文字符号放置得整齐美观，而忽略了实际制出的 PCB 效果。在他们设计的印制电路板上，字符不是被元器件挡住就是侵入了助焊区而被抹除，还有的把元器件标号打在相邻元器件上，如此种种的设计都将会给装配和维修带来很大不便。

5．阻焊层（Solder Masks layers）

阻焊层有 2 个：顶层阻焊层（Top Solder）和底层阻焊层（Bottom Solder）。在设计过程中用于匹配焊盘，并且是自动产生的。放置其上的焊盘和元器件代表电路板上未覆铜的区域。

6. 锡膏防护层（Paste masks Iayers）

锡膏防护层分为顶层锡膏防护层（Top Paste mask）和底层锡膏防护层（Bottom Paste mask）。主要用于 SMD 元器件的安装，锡膏防护层与阻焊层相似，放置其上的焊盘和元器件代表电路板上未覆铜的区域。

7. 钻孔层（Drill Layers）

钻孔层主要为电路板提供制造过程的钻孔信息，该层是自动计算的。包括钻孔指示图（Drill Guide）和钻孔图（Drill Drawing）。

8. 禁止布线层（Keep Out Layer）

禁止布线层用于定义放置元器件和布线的区域范围，一般会在禁止布线层绘制一个封闭区域作为布线有效区。

9. 多层（Multi layer）

多层代表信号层，任何放置在多层上的元器件会自动添加到所在的信号层上，所以可以通过多层将焊盘或穿透式过孔快速地放置到所有的信号层。电路板上焊盘和穿透式过孔要穿透整个电路板，与不同的导电图形层建立电气连接关系，因此系统专门设置了这样一个抽象的层，如图 6-9 所示。一般，焊盘与过孔都要设置在多层上，如果关闭此层，焊盘与过孔就无法显示出来。

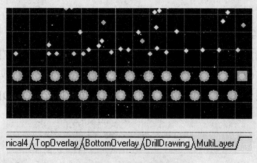

图 6-9　Multi layer（多层）

10. DRC 错误层（DRC Errors）

用于显示违反设计规则检查的信息。该层处于关闭时，DRC 错误在编辑区界面上不会显示出来。

11. 连接层（Connections）

连接层用于显示元器件、焊盘和过孔等对象之间的电气连接。当该层处于关闭时，这些连线不会显示出来，但程序仍会分析其内部的连接关系。

6.3　认识元器件封装

6.3.1　元器件封装

1. 元器件封装的概念

在设计印制电路板时，必然要考虑安装到该印制电路板上元器件的数量，这些元器件的形状和尺寸。元器件封装就是表示元器件外观和焊盘形状尺寸的图。它由元器件的投影轮廓、管脚对应的焊盘、元器件标号和标注字符等组成。焊盘是封装中最重要的组成部分，用于连接各元器件的引脚，并通过导线与其他焊盘进行连接，从而与焊盘所对应的元器件引脚相连，完成电路板的功能。封装中元器件轮廓和说明文字起着指示作用，方便印制电路板的焊接。往往按照元器件封装图的类别将它们放置到不同的封装库中，以便用户浏览和调用。

既然元器件封装只是元器件的外观和焊盘位置，那么纯粹的元器件封装仅仅是空间的概念，因此，不同的元器件可以共用同一个元器件封装；另外，同种元器件也可以有不同的封装，如 RES 代表电阻，它的封装形式有 AXIAL0.3、AXIAL0.4 和 AXIAL0.6 等，所以在取用焊接元器件时，不仅要知道元器件名称，还要知道元器件的封装。元器件的封装通常在设计原理图时指定，也可以在引进网络表时指定。

2. 元器件封装的分类

元器件的封装形式可以分成两大类，即插接式元器件封装和表贴式（SMT）元器件封装。表贴式（SMT）元器件封装的焊盘只限于表面层，在其焊盘的属性对话框中，Layer（层）属性必须为单一表面，如顶层（TopLayer）或底层（BottomLayer）。下面分别介绍上述最常见的两种封装。

（1）插接式元器件封装。

插接式封装元器件焊接时先要将元器件针脚插入焊盘通孔，然后再焊锡。由于插接式元器件封装的焊盘和孔贯穿整个印制电路板，所以其焊盘的属性对话框中，PCB 的层属性必须为多层（MultiLayer）。例如电阻、电容、三极管、部分集成电路的封装。如图 6-10 所示为 AXIAL0.4 电阻封装和实际电阻元器件。如图 6-11 所示为 DIP8 双列直插式集成电路封装。

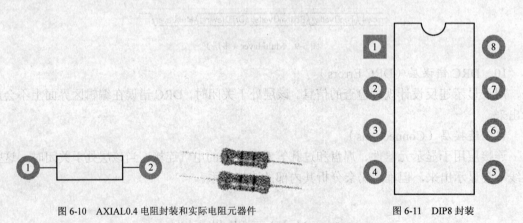

图 6-10　AXIAL0.4 电阻封装和实际电阻元器件　　　　　　　　图 6-11　DIP8 封装

（2）表贴式（SMT）元器件封装。

表贴式元器件焊接时元器件与其焊盘在同一层。如图 6-12（a）、图 6-12（b）所示为 1206 封装、实际表贴式元器件及 LCC16 封装。

（a）1206 封装和实际表贴式元件　　　　（b）LLC16 封装

图 6-12　表贴式元器件封装

6.3.2　常用元器件封装

1. 插接式元器件封装

常用插接式元器件的封装主要在 Library\PCB\Generic Footprints\miscellaneous.ddb 数据库中的 miscellaneous.lib 封装库中，在数据库 Library\PCB\Generic Footprints\Advpcb.ddb 中的 PCB footprints.lib 的封装库中也包含了多数插接式元器件的封装。

（1）电阻封装。电阻元器件的封装在 PCB footprints.lib 的封装库中为 AXIAL0.3～AXIAL1.0，在 miscellaneous.lib 封装库中为 AXIAL-0.3～AXIAL-1.0。元器件封装的编号规则一般为元器件类型+焊盘距离（或焊盘数）+元器件外形尺寸。可以根据元器件封装编号来判别元器件封装的规格。如 AXIAL0.4 表示该元器件封装为轴状，两个管脚焊-盘的间距为 0.4 英寸（400mil），如图 6-13 所示。依次类推，其中电阻焊盘距离最大的是 AXIAL1.0，一般情况下功率小的电阻体积也小，长度就较短，封装形式的后缀数字也就较小。

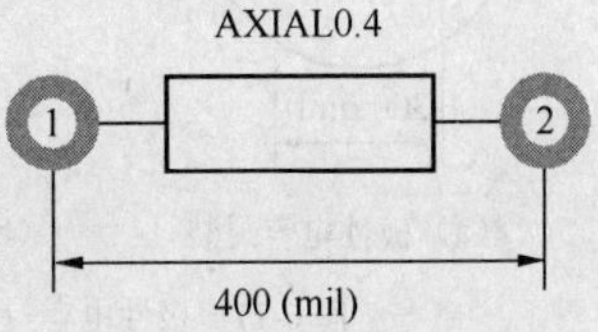

（2）电位器封装。如图 6-14 所示为电位器封装。实际电位器电路符号有如图 6-15（a）、图 6-15（b）所示两种形式，对于电路符号 RES4 而言，图 6-14 所示的 5 种封装皆可以满足，而对于 POT2，其中心抽头是 3 脚，但是图 6-14 所示的 5 种封装中心抽头皆为 2 脚，这就需要对 Protel 99 SE 中电位器封装的 2 脚与 3 脚对调一下。实际应用中一般要根据电位器的实际形状，选择其对应的封装，如果以上封装都不适合，则需要自行创建。

图 6-13　元器件封装编号的意义

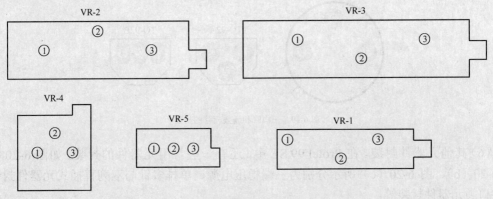

图 6-14　电位器封装

（3）电容封装。电容的封装分无极性和有极性两种，PCB footprints.lib 库中无极性电容封装形式有 4 种，如图 6-16 所示。其编号意义与电阻一样，这里不再赘述。

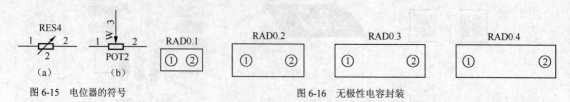

图 6-15 电位器的符号　　　　　　　　　　图 6-16 无极性电容封装

如图 6-17（a）所示是封装名为 RB.3/.6 的有极性电容封装，对应的器件外形如图 6-17（b）所示。其中 RB.3/.6 中的.3 表示极性电容的两焊盘距离 d 为 300mil，即与实际电容的两引脚间距离相等，.6 表示极性电容的圆柱外径 D，一般 $D=2d$。

（4）二极管封装。如图 6-18（a）所示为二极管的封装，其中 A 表示正极，K 表示负极。但是由于二极管在原理图中正极用引脚 1 表示，负极用引脚号 2 表示，如图 6-18（b）所示，这样在 PCB 中调用二极管时会出错，与电位器一样，可以修改二极管封装中的焊盘号使其与原理图符号中的引脚号一致。

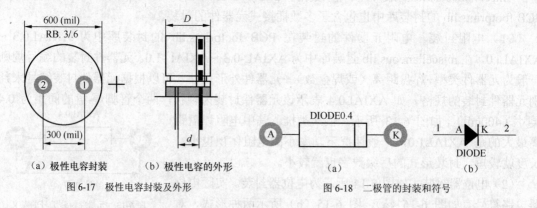

图 6-17 极性电容封装及外形　　　　　　　图 6-18 二极管的封装和符号

（5）三极管和场效应管封装。如图 6-19 所示为部分三极管和场效应管封装，在实际选择封装时需注意，三极管引脚的排列顺序有 E、B、C 和 E、C、B 之分，在使用时同样要注意封装焊盘号与电路符号引脚号之间的对应问题。

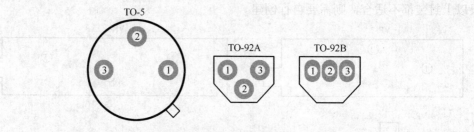

图 6-19 三极管和场效应管的封装

（6）其他元器件封装。在 Protel 99 SE 中，还有一些常用元器件的封装，如图 6-20（a）、图 6-20（b）、图 6-20（c）所示分别为三端稳压电源、单排多针与双列直插式元器件封装、串并口类元器件封装等。

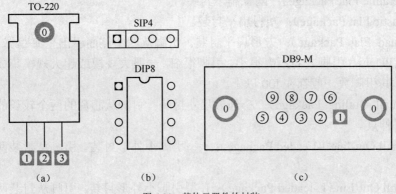

图 6-20　其他元器件的封装

2. 表贴式元器件封装

（1）分立元器件的贴片封装。在数据库 Library\PCB\Generic Footprints\Advpcb.ddb 中的 PCB footprints.lib 封装库中包含了多数常用表贴式元器件的封装。封装名称有 0402、0603、0805、1005、1206 等。表贴元器件封装的命名常用其外形尺寸来表示，通常有两种称谓：英制称谓和公制称谓，通常所说的是英制称谓。如英制称谓的 1206 中 12 表示元器件的长度是 120mil，06 表示元器件的宽度是 60mil，如公制称谓的 1206 中 12 表示元器件的长度是 1.2mm，06 表示元器件的宽度是 0.6mm。

如图 6-21 所示为库中部分分立元器件的贴片封装。

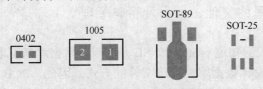

图 6-21　分立元器件的贴片封装

（2）集成芯片贴片封装。如图 6-22 所示为贴片集成芯片的不同封装形式，其各项意义如下。

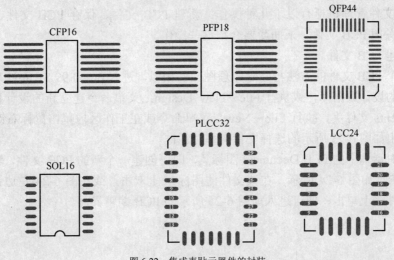

图 6-22　集成表贴元器件的封装

CFP（Ceramic Flat Package）：陶瓷扁平封装。

PFP（Plastic Flat Package）：塑料扁平封装。

QFP（Quad Flat Package）：方形扁平封装。引脚从四个侧面引出呈海鸥翼（L）型。该技术实现的 CPU 芯片引脚之间距离很小，引脚很细，一般大规模或超大规模集成电路采用这种封装形式，其引脚数一般都在 100 以上。

SOP（Small Outline Package）：小外形尺寸封装。引脚从芯片的两个较长的边引出，引脚的末端向外伸展。

SOJ（Small Out-line J-Leaded Package）：J 型引脚小外形封装。引脚从封装两侧引出向下呈 J 字形。

SOL（Smll Out-Line L-leaded Package）：L 型引脚小外形封装。引脚从封装两侧引出向下呈 L 字形。

PLCC（Plastic Leaded Chip Carrier）：带引脚塑料芯片载体式封装。引脚从封装的四个侧面呈丁字形引出。

LCC（Leadless Chip Carrier）无引脚芯片载体。指陶瓷基板的四个侧面只有电极接触而无引脚的表面贴装型封装。

6.4 PCB 编辑器

6.4.1 PCB 编辑器的文件、画面及窗口管理

通过前面的学习，我们知道 protel 99 SE 是用设计数据库来管理各种设计文件的，PCB 文件同样也采用这种由设计数据库来管理文件的方式。因此，PCB 文件管理的各项操作都是在设计数据库中进行的，这样就要求在进行 PCB 文件管理之前，首先要建立或打开一个设计数据库，然后再在设计数据库中进行 PCB 的文件管理。

1. PCB 编辑器的文件管理

PCB 的文件管理包括有以下几种操作：新建 PCB 文件、保存 PCB 文件、打开已有的 PCB 文件和关闭 PCB 文件。下面简要介绍这些操作。

（1）新建 PCB 文件。

新建一个 PCB 文件的方法与建立原理图文件相似，进入 protel 99 SE 系统后，首先打开一个已存在的设计数据库，或执行 File→New Design…菜单命令建立新的设计数据库，然后打开 Documents 文件夹，执行 File→New…菜单命令或在工作区内单击鼠标右键，选择 New 选项，会弹出如图 6-23 所示的选择文件类型对话框。

双击该对话框中的 PCB Document 图标 📄，即可创建一个新的 PCB 文件，默认的文件名为 PCB1.PCB，如图 6-24 所示。在该文件的图标 📄 上双击，或在图 6-24 左边设计浏览器中该文件的文件名上单击，即可进入如图 6-25 所示的 PCB 编辑界面。

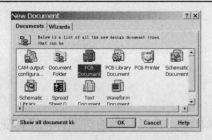

图 6-23　选择文件类型的对话框

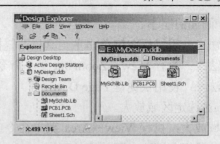

图 6-24　新建的 PCB 文件

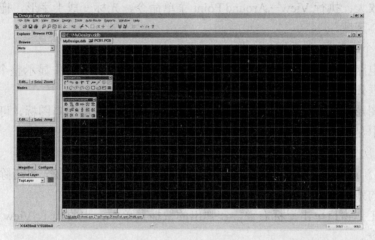

图 6-25　PCB 编辑界面

（2）保存 PCB 文件。

保存 PCB 文件的方法有多种：执行 File→Save 菜单命令或单击工具栏中的保存按钮，保存当前正在编辑的 PCB 文件。

（3）打开已有的 PCB 文件。

打开 PCB 文件的方法有两种：首先打开 PCB 文件所在的设计文件夹窗口，然后在该窗口中双击要打开的 PCB 文件图标；或者在文件管理器中，单击要打开的 PCB 文件名称。

（4）关闭 PCB 文件。

关闭 PCB 文件的方法有两种：方法一：执行 File→Close 菜单命令；方法二：将鼠标指向编辑窗口中要关闭的 PCB 文件标签，单击鼠标右键，在弹出的菜单中选择 Close 即可。

在关闭 PCB 文件之前，若当前的 PCB 文件有改动，而未被保存，则系统会弹出如图 6-26 所示的 Confirm 对话框，单击【Yes】按钮保存所做的改动；单击【No】按钮不保存所做的改动；单击【Cancel】按钮，取消关闭 PCB 文件操作。

图 6-26　Confirm 对话框

2. PCB 编辑器画面管理及窗口管理

（1）画面显示。

① 画面的放大。

方法一：用鼠标左键单击主工具栏的 按钮。

方法二：执行 View→Zoom in 菜单命令。

方法三：使用快捷键 Page Up 键。

② 画面的缩小。

方法一：用鼠标左键单击主工具栏的 🔍 按钮。

方法二：执行 View→Zoom out 菜单命令。

方法三：使用快捷键 Page Down 键。

③ 对选定区域放大。

区域放大：执行 View→Area 菜单命令或用鼠标单击主工具栏的 🔲 图标，光标变成十字形，拖动鼠标左键选中要放大的区域。

中心区域放大：执行 View→Around Point 菜单命令，光标变成十字形，拖动鼠标左键选中要放大的中心区域。

④ 显示整个电路板/整个图形文件。

显示整个电路板：执行 View→Fit Board 菜单命令，在工作窗口中显示整个电路板，但不显示电路板边框外的图形。

显示整个图形文件：执行 View→Fit Document 菜单命令或单击 🔲 图标，可将整个图形文件在工作窗口中显示。如果电路板边框外有图形，也同时显示出来。

⑤ 采用上次显示比例：执行 View→Zoom Last 菜单命令。

⑥ 画面刷新：执行 View→Refresh 菜单命令或使用快捷键 End 键，可清除因移动元器件等操作而留下的残痕。

注意：在工作窗口单击鼠标右键，在弹出的快捷菜单中，也收集了 View 菜单中的常用的画面显示命令。

（2）窗口管理。

执行 View→Toolbars 菜单命令，在它的下一级子菜单中选择主工具栏、放置工具栏、元器件布局工具栏、查找选取工具栏等如图 6-27 所示。

图 6-27　View→Toolbars 的子菜单

6.4.2　PCB 编辑器工作层管理

在 6.2 节中已介绍了 Protel 软件中的主要工作层及其用途。在 PCB 编辑器中，执行菜单命令 Design→Option，系统将弹出如图 6-28 所示的 Document Options 对话框，在这个对话框中，系统列出了电路板中的各工作层。下面逐一介绍 PCB 编辑器中的工作层管理。

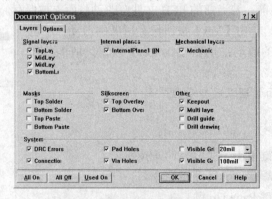

图 6-28　Document Options 对话框

1. 工作层设置

Protel 99 SE 允许用户自行定义信号层、内部电源层/接地层和机械层的显示数目。

（1）设置信号层（Signal layer）和内部电源/接地层（Internal plane layer）。

执行 Design→Layer Stack Manager 菜单命令，系统弹出如图 6-29 所示的 Layer Stack Manager（工作层堆栈管理器）对话框。

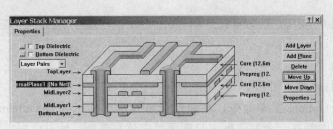

图 6-29　Layer Stack Manager

① 添加层的操作。选中 TopLayer，用鼠标单击对话框右上角的【Add Layer】（添加层）按钮，就可在顶层下添加一个信号层的中间层（MidLayer），如此重复操作可添加 30 个中间层。单击【Add Plane】按钮，可添加一个内部电源/接地层，如此重复操作可添加 16 个内部电源/接地层。

② 删除层的操作。先选中要删除的中间层或内部电源/接地层，单击图 6-29 右侧的 Delete 按钮，在确认之后，可删除该工作层。

③ 层的移动操作。先选中要移动的层，单击图 6-29 右侧的【Move Up】（向上移动）或【Move Down】（向下移动）按钮，可改变各工作层间的上下关系。

④ 层的编辑操作。先选中要编辑的层，单击【Properties】（属性）按钮，弹出 Edit Layer（工作层编辑）对话框，可设置该层的 Name（名称）和 Copper thickness（覆铜厚度）。

（2）设置 Mechanical layer（机械层）。

执行 Design→Mechanical Layer 菜单命令，系统弹出如图 6-30 所示的 Setup Mechanical Layers（机械层设置）对话框，其中已经列出 16 个机械层。单击某复选框，可打开相应的机械层，并可设置层的名称、是否可见、是否在单层显示时放到各层等参数。

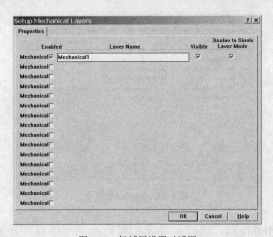

图 6-30　机械层设置对话框

2. 当前工作层的转换

在进行布线时，必须选择相应的工作层。对于设置好的各工作层，在编辑过程中只要用鼠标左键单击 PCB 编辑界面下方的工作层标签栏上的某一工作层，如图 6-31 所示，就可以完成当前工作层的转换。也可以使用快捷键实现，按下小键盘上的<*>键，可以在所有打开的信号层之间切换；按下<+><->键可以在所有打开的板层间切换。

| TopLayer | InternalPlane1 | MidLayer2 | MidLayer1 | BottomLayer | Mechanical1 | TopOverlay | BottomOverlay | KeepOutLayer | MultiLayer |

图 6-31　当前工作层的转换

3. 工作层的打开与关闭

执行 Design→Options 菜单命令，在弹出的如图 6-28 所示的 Document Options 对话框中的每一个工作层前面都有一个复选框，只需要单击该复选框，使对话框中出现对号（√），即可打开该工作层，否则该层处于关闭状态。对话框左下角三个按钮的作用是：All On：打开有的层，All Out：关闭所有的层，Used On：只打开当前文件中正在使用的层。

在 Other 区中，选中 Keep Out Layer 打开禁止布线层；选中 Multi Layer 打开多层，可以显示焊盘和过孔。

在 System 区中，选中 DRC Error 将违反设计规则的图件显示为高亮度；选中 Connect 显示网络飞线；选中 Pad Holes 显示焊盘的钻孔；选中 Via Holes 显示过孔的钻孔。

一般情况下，Keep Out Layer、Multi Layer 必须设置为打开状态，其他各层根据所要设计 PCB 的层数设置。

4. 单层显示

执行 Tools→Preferences 菜单命令，系统弹出属性对话框，选择 Display 选项卡如图 6-32 所示。它由 3 个选项区域组成。下面分别介绍它们的功能。

（1）Display options（显示方式）。

Convert Special String：选择此项时将特殊功能字符串转换为它所代表的文件显示。

Highlight in Full：选择此项表示选取对象以高亮显示，不选此项，选择对象的轮廓以高亮显示，整个亮度不明显。

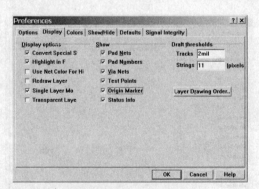

图 6-32　Display 选项卡

Use Net Color For Highlight：选择此项表示将所选的网络高亮显示。

Redraw Layer：选择此项表示进行工作层转换时窗口显示被刷新，以不同层设置的颜色显示该层的对象，没有刷新可以按 End 键。

Single Layer Mode：表示各工作层以单层模式显示。

Transparent Layers：选择此项对工作层进行透明显示。

（2）Show 区域主要用于设置 PCB 图上的信息显示。

Pad Net：选择此项表示显示焊盘所在的网络名。

Pad Numbers：选择此项表示显示焊盘号。

Via Nets：选择此项表示显示过孔所在的网络。

Test Points：选择此项显示测试点。

Origin Marker：选择此项显示原点标记。

Status Info：选择此项显示状态信息。即当移动某一对象时，状态栏会同步显示该对象的状态信息。

（3）Draft thresholds 区域主要用于设置 PCB 图走线宽度阈值与字符串长度阈值的显示方式。Tracks 设置走线宽度阈值，默认值为 2mil。

Strings 设置字符串长度阈值，默认值为 11Pixels。字符串长度阈值设置很有用，当 PCB 文件较大时，元器件封装的编号及参数值将看不见，此时需要将阈值适当改大些。

图 6-32 中选择 Signal Layer Mode（单层模式显示），在 Show 选项中选择要显示的项目，如 Pad Net 用于设置显示焊盘的网络名；Pad Numbers 用于设置显示焊盘号；Via Nets 用于设置显示过孔的网络名，为了布局布线时方便查对线路一般都要选中。单击【OK】按钮，在 PCB 编辑界面通过转换工作层可以实现各工作层的单层显示。

5. 工作层显示颜色的设置

在 PCB 设计中，由于层数多，为了区分不同层上的铜膜线，必须将各层设置为不同颜色。执行 Tools→Preferences 菜单命令，在出现的属性对话框中单击 Color 选项卡，弹出如图 6-33 所示的工作层颜色设置对话框。

此选项卡用来设置各层的颜色，需要重新设置某层的颜色时，可以单击该层名称右边的颜色复选框，系统弹出如图 6-34 所示的对话框，此时可对该层颜色进行修改。一般情况下，使用系统默认的颜色。需要指出的是如图 6-33 所示对话框左下角的两个按钮，其功能如下。

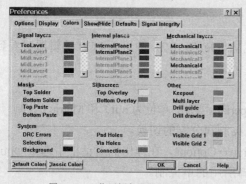

图 6-33　工作层颜色设置对话框

图 6-34　颜色选择对话框

Default Colors：将所有的颜色设置恢复到系统默认值。

Classic Colors：将所有的颜色设置为传统的黑底的设计界面。

6.4.3 PCB 编辑器常用参数设置

1. 设置栅格

执行 Design→Options 菜单命令，在弹出的对话框中选中 Options 选项卡，弹出如图 6-35 所示的对话框。

Options 选项卡主要设置捕获栅格（Snap）、元器件移动栅格（Component）、电气栅格（Electrical Gird）、可视栅格样式（Visible Kind）和单位制（Measurement Unit）；Layers 选项卡中可以设置可视栅格（Visible Gird）。

（1）捕获栅格设置。捕获栅格的设置在 Grids 区中，主要有 Snap X：设置光标在 X 方向上的位移量；Snap Y：设置光标在 Y 方向上的位移量。

（2）元器件移动栅格设置。元器件移动栅格的设置在 Grids 区中，Component X：设置元器件在 X 方向上的位移量，Component Y：设置元器件在 Y 方向上的位移量。

（3）电气栅格设置。必须选中 Electrical Gird 复选框，再设置电气栅格间距。

（4）可视栅格样式设置。有 Dots（点状）和 Lines（线状）两种选择。

（5）可视栅格间距和显示状态设置。可视栅格显示设置在 Layers 选项卡的 System 区中，如图 6-36 所示。主要有 Visible Gird l：第一组可视栅格间距，这组可视栅格只有在工作区放大到一定程度时才会显示，一般设置为比第二组可视栅格间距小；Visible Gird 2：第二组可视栅格间距，选中栅格设置前的复选框，可以将该栅格设置为显示状态。

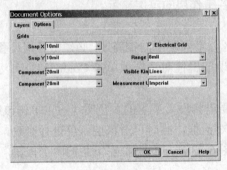
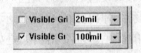

图 6-35　栅格设置对话框　　　　　图 6-36　可视栅格设置

由于系统默认的显示状态为只显示 Visible Gird 2，故进入 PCB 编辑器时看到的栅格是第二组可视栅格。

2. 单位制设置

Protel 99 SE 设有两种单位制，即 Imperial（英制，单位为 mil）和 Metric（公制，单位为 mm），执行菜单 View→Toggle Units 可以实现英制和公制的切换。

单位制的设置也可以执行菜单 Design→Options，在弹出的对话框中选中 Options 选项卡，在 Measurement Units 下拉列表框中选择所用的单位制。

3. 相对原点的设置及显示原点标记

在 PCB 编辑界面单击放置工具栏中的▨按钮，或执行 Edit→Origin→Set 菜单命令。当光标变成十字形时，将光标移到要设为相对原点的位置（最好位于可视栅格线的交叉点上），单击鼠标左键，即将该点设为自定义的坐标原点。设置完成后，可以看到状态栏的坐标值为 X：0mil，Y：0mil。

如果要显示坐标原点标记，可以执行 Tools→Preferences 菜单命令，在弹出的窗口选择 Display 选项卡，将 Origin Marker 选中，单击对话框下面的【OK】按钮即可实现在 PCB 界面显示坐标原点标记。

若要恢复原来的坐标系，执行菜单命令 Edit→Origin→Reset 即可。

本 章 小 结

本章介绍了印制电路板的概念、作用、结构及分类。并以实际印制板为例介绍了印制板图有关的元器件封装、过孔、焊盘、铜膜导线等主要对象的基本概念、印制电路板图在 Protel 软件中的表示以及常用元器件封装。同时介绍了 PCB 编辑器画面管理、工作层管理以及常用参数设置。

通过本章学习，希望读者能掌握有关 PCB 设计的基础知识。

练 习 题

1．如何设置工作层的颜色？
2．如何改变公制和英制单位？
3．简述印制电路板的基本结构及各个层面的作用。
4．如何添加中间信号层和机械层？如何设置工作层及其颜色？
5．说明焊盘和过孔的区别。
6．如何设置光标形状？
7．元器件封装的编号一般由哪几部分组成？
8．如何设置 PCB 的捕获栅格和可视栅格？

第7章 利用自动布线方法绘制印制电路板图

对印制电路板图进行自动布线是 Protel99SE 的一个强大功能，本章将通过一个具体实例介绍利用自动布线方法绘制双面印制板图的基本方法以及转换前对原理图的要求。

要求：绘制如图 7-1 所示的原理图，利用自动布线方法将其转换为双面印制电路板图。

电路板尺寸：高 3100mil，宽 2100mil。

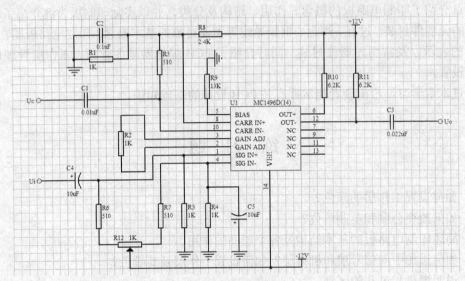

图 7-1 原理图

表 7-1		图 7-1 原理图元器件属性列表		
LibRef （元器件名称）	Designator （元器件标号）	Comment （元器件标注）	Footprint （元器件封装）
CAP	C1	0.01μF	RAD0.2
CAP	C2	0.1μF	RAD0.2
CAP	C3	0.022μF	RAD0.2
RES2	R1、R2、R3、R4	1k	AXIAL0.4
RES2	R5、R6、R7	510	AXIAL0.4
RES2	R8	2.4k	AXIAL0.4
RES2	R9	13k	AXIAL0.4
RES2	R10、R11	6.2k	AXIAL0.4
CAPACITOR	C4、C5	10μF	RB.2/.4
POT2	R12	1k	VR5
MC1496D(14)	U1		SO14

其中 MC1496D(14)元器件符号是在 Motorola Analog.ddb—> Motorola Broadcast & Communication Circuit.lib 中其余元器件符号在 Miscellaneous Devices.ddb

7.1　准备原理图

在生成 PCB 之前，需要对电路的原理图做一些准备工作。

1.　对原理图的要求

（1）确认电路原理图中所有元器件符号都有唯一的序号（序号不能重复、不能为空，否则在导入网络表时会出现错误）。

（2）确认电路原理图中所有的元器件都有可用的正确的封装。

（3）图中所有接地符号中网络名称 Net 值不能为空，在 Protel 99 SE 中接地符号的网络名称一般使用 GND。

2.　保证原理图中所有元器件符号都有唯一序号

保证原理图中所有元器件符号都有唯一序号，是对原理图的一个基本要求，如果原理图中元器件符号很多，人工检查费时费力而且不准确，Protel 99 SE 中提供了自动设置元器件符号标号的功能，可以方便地对元器件符号进行标注。

在原理图文件中执行菜单命令 Tools→Annotate，系统弹出如图 7-2 所示自动标注对话框。

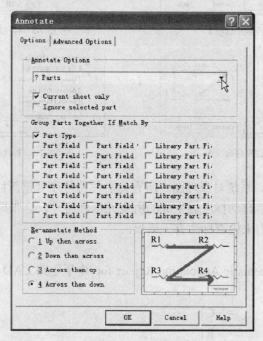

图 7-2　自动标注对话框

在图 7-2 所示对话框中，Annotate Options 区域中的默认选项为 "? Parts"，即只对原理图中序号为 "？" 的元器件符号进行自动标注，对于已经存在序号的元器件，自动标注操作将忽略这些元器件。单击? Parts 右侧的下拉按钮，出现 4 个选项，如图 7-3 所示，其中 "All Parts"，功能是对原理图中的所有元器件进行自动标注，无论原先元器件有无序号；"Reset Designators"，功能是将标注过的元器件序号复原到未标注状态，即原理图上的所有元器件序号都会被恢复成"？"；"Update Sheets Number Only"的功能是只更新原理图的图号，这个功能和元器件标注序号无关。

本例选择 All Parts 选项，如图 7-3 所示。

Annotate Options 区域中的 Current sheet only 选项含义是对当前的原理图进行自动标注，一般采用默认设置（选择），如图 7-2 所示。

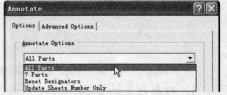

图 7-3　Annotate Options 下拉选项

Annotate Options 区域中的 Ignore selected parts 选项含义是自动标注工具，只对未选定的元器件进行标注，忽略已选定的器件，一般采用默认设置（不选择），如图 7-2 所示。

对于 Group Parts Together If Match By 区域一般采用系统默认选项，如图 7-2 所示。

图 7-2 所示对话框下方的 Re-annotate Method 区域中列出了四种标注顺序，如图 7-4 到图 7-7 所示，本例采用第 4 种方式。

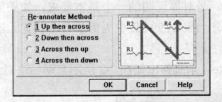

图 7-4　标注顺序选项 1

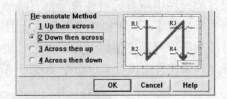

图 7-5　标注顺序选项 2

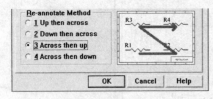

图 7-6　标注顺序选项 3

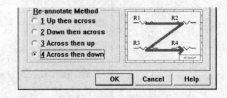

图 7-7　标注顺序选项 4

单击【OK】按钮后，系统对原理图中所有元器件符号序号重新标注，标注后软件会生成一个报表。报表的内容是自动标注后生成的所有元器件序号。这张报表的作用一是报告自动标注的结果，二是可以用来检查标注有无错误。

报表如下：

Protel Advanced Schematic Annotation Report for '电子电路 CAD 素材_示例.Sch' 15:07:15 6-Jun-2011

C?	=> C1
R?	=> R1
R?	=> R2
R?	=> R3
R?	=> R4
C?	=> C2
R?	=> R5
R?	=> R6

R?	=> R7
R?	=> R8
R?	=> R9
U?	=> U1
R?	=> R10
R?	=> R11
C?	=> C3
C?	=> C4
C?	=> C5
R?	=> R12

原理图准备完毕，执行菜单命令 Design→Create Netlist 创建网络表文件。

7.2　规划印制电路板

所谓规划印制电路板，是根据设计要求确定并设置 PCB 文件中的工作层。

1. 双面印制板所需工作层

因本例是双面印制板图设计，因此只对双面印制板所需工作层进行规划。

绘制双面板需要的工作层有：

Toplayer（顶层布线层）、Bottomlayer（底层布线层）：布线，也可以放置元器件、Mechanical（机械层）、Top Overlay（顶层丝印层）、Bottom Overlay（底层丝印层）、Keepout（禁止布线层）、Multilayer（多层）、Masks（阻焊层、锡膏防护层）。

如图 7-8 为实际的 PCB 图。

（1）Toplayer（顶层布线层）和 Bottomlayer（底层布线层）。

Toplayer 和 Bottomlayer 同属于 Signal Layer（信号层）。

这两层用来在双面印制板的两个面上放置元器件和布置信号走线。在 Protel 99 SE 中，允许在双面印制板的两个面放置元器件。在实际设计中除非工艺或结构的需要，一般如果一面能放下全部元器件的话，尽量不两面放置元器件，这样可以减少过孔，增强电路的稳定性。

默认情况下，Toplayer 的颜色是红色的，Bottomlayer 的颜色是蓝色的。在 Protel 99 SE 中，各个工作层的颜色都可以由用户来更改，但是不建议用户去修改工作层颜色，最好使用系统默认颜色。

（2）Mechanical（机械层）。

Protel 99 SE 中可以有 16 个机械层：Mechanical1～Mechanical16。

机械层一般放置和制板有关的指示性信息，如电路板的实际物理尺寸、过孔的大小和装配等信息。

（3）Top Overlay（顶层丝印层）和 Bottom Overlay（底层丝印层）。

Protel 99 SE 提供有 2 个丝印层，Top Overlay（顶层丝印层）和 Bottom Overlay（底层丝印层）。在丝印层上主要放置的是元器件的外形轮廓、元器件的编号和其他相关信息。

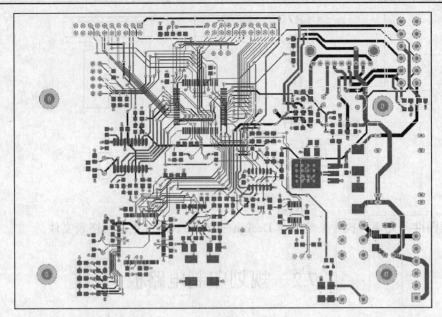

图 7-8　实际的双面 PCB 板图

（4）Keepout（禁止布线层）。

禁止布线层用来定义元器件放置的边界和自动布线的边界。一般在禁止布线层上绘制一个封闭的区域，在这个封闭区域中进行放置元器件、自动布局和布线操作。

（5）Multi layer（多层）。

多层是和焊盘和过孔相关的层，如果多层关闭，那么 PCB 上就不会显示焊盘和过孔了。

（6）Masks（阻焊层、锡膏防护层）。

为了方便焊接，Protel 99 SE 提供了两个阻焊层，分别是 Top Solder（顶层阻焊层）和 Bottom Solder（底层阻焊层）。阻焊层上是无铜区域。

相对两个阻焊层，Protel 99 SE 还提供了两个锡膏防护层，分别是 Top Paste（顶层锡膏防护层）和 Bottom Paste（底层锡膏防护层）。这两层上是有铜区域，并且一般在这两层上进行镀锡处理，这样是为了便于焊接。

这两层在制作电路板时是必须存在的，但是一般情况下，在布局和布线中不需要打开这两层。虽然没有打开这两层，这两个工作层是存在的。

2．工作层的设置

（1）创建机械层。

在新创建的 PCB 文件中，默认状态下并没有打开的机械层，因此需要先对机械层进行有关设置后才能使用。

在 Protel 99 SE 设计数据库中新建或打开一个 PCB 文件，如图 7-9 所示。

执行菜单命令 Design→Mechanical Layers，系统弹出设置机械层对话框，在对话框中选中 Mechanical 1（机械层 1），层的名称采用默认值，并选中 Visible（可见）和 Display In Single Layer Mode（单层显示时在各层同时显示）两个复选框，如图 7-10 所示。

创建 Mechanical 1 后用鼠标左键单击屏幕下方的工作层标签进行更新，则 Mechanical 1 标签显示出来，如图 7-11 所示。

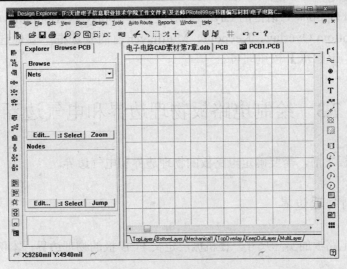

图 7-9　打开的 PCB 文件界面

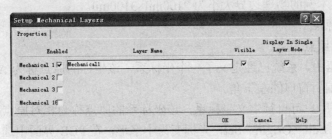

图 7-10　设置机械层对话框

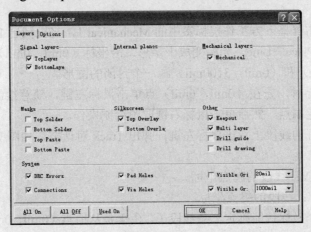

图 7-11　工作层标签中的 Mechanical 1

（2）工作层的显示。

如果所需工作层标签未在 PCB 设计窗口下方显示，可通过以下操作使其显示。

执行菜单命令 Design→ Options，系统弹出 Document Options 对话框，如图 7-12 所示。

图 7-12　Document Options 对话框

在 Document Options 对话框的 Layers 标签下选中 Toplayer、Bottomlayer、Mechanical1、Top Overlay、Bottom Overlay、Keepout、Multilayer 前的复选框，其他选项默认即可，如图 7-12 所示，单击【OK】按钮即可。

7.3 绘制电路板物理边界和电气边界

在绘制电路板之前，需要确定电路板的物理边界和电气边界。

7.3.1 绘制物理边界

物理边界是电路板的实际尺寸，在机械层定义 PCB 板的物理边界，本例使用机械层 1 绘制物理边界。

根据设计要求本例的物理边界大小为 2100mil×3100mil。

1. 定义坐标原点

（1）定义坐标原点。

在 PCB 编辑器中，系统已经定义了一个坐标系，该坐标的原点称为 Absolute Origin（绝对原点），位置在编辑窗口的左下角。

为绘图方便，用户可自行定义坐标系，该坐标系的原点称为相对原点，或称当前原点。

执行菜单命令 Edit→Origin→Set，光标变为十字形，在 PCB 界面中选择一点，单击鼠标左键，此时这点的坐标即为（0mil，0mil）。

（2）显示坐标原点标记。

原点设置好以后，通过执行以下操作，可显示原点标记。

执行菜单命令 Tools→Preferences，在 Preferences 对话框中选择 Display 选项卡，选中 Origin Marker 复选框，单击【OK】按钮即可显示原点标记。

（3）将光标直接跳到原点位置。

执行菜单命令 Edit→Jump→Current Origin，光标可直接跳到当前原点位置。

2. 绘制物理边界

用鼠标左键单击屏幕下方工作层标签中的 Mechanical 1，将机械层 1 设置为当前层。

执行菜单命令 Place→Line，光标变成十字形，沿坐标（0mil，0mil）、（2100mil，0mil）、（2100mil ，3100mil）和（0mil，3100mil）画一个封闭的图形。

在绘制物理边界时，先在（0mil，0mil）点单击鼠标左键，随意绘制一条线，在线的终点双击鼠标左键确定端点，然后单击鼠标右键取消绘制操作。

此时，在绘制好的线段上双击鼠标左键，弹出 Track 对话框，如图 7-13 所示，图中

Width：线宽。

Start-X 和 Start-Y：线段的起点坐标。

End-X 和 End-Y：线段的终点坐标。

只要确定这两个坐标就能确定一条线段了。由于是从原点（0mil，0mil）起始，在 End-X 和 End-Y 中分别输入 2100mil 和 0mil，单击【OK】按钮，就确定了物理边界的一条边，如

图 7-13 所示。照此方法，绘制出其他三条物理边界，如图 7-14 所示的外围边界。

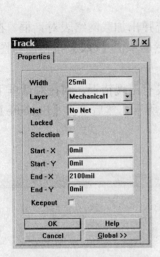

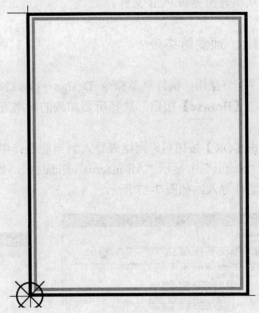

图 7-13　用坐标绘制物理边界　　　　　　　　　　　　图 7-14　边界绘制

也可使用以下方法进行绘制。

单击 Placement Tools 工具栏中的 ≈ 图标，以当前原点为起点，按尺寸要求绘制物理边界。

如果使用鼠标划线，在拐弯处单击两下鼠标左键；如果使用键盘中的箭头键【→】、【←】、【↑】、【↓】划线，在拐弯处按两下【回车】键，建议使用键盘划线。

使用键盘上的箭头键划线时，按住【Shift】+【箭头键】可提高划线的速度。

7.3.2　绘制电气边界

电气边界用来限定布线和元器件放置的范围，它是通过在禁止布线层（Keepout layer）绘制边界来实现的。通常电气边界应该略小于物理边界。这是因为在日常使用中，电路板难免会有磨损，为了保证电路板能够长期使用，制板时要留出一定的余地，即使物理边界损坏后，由于电气边界小于物理边界，元器件的电气关系依然保持有效，电路板能够继续使用。

将当前工作层切换为 KeepOutLayer。

执行菜单命令 Place→Line，光标变成十字形，在距物理边界各条边 50mil 的内侧绘制电气边界，参照物理边界的绘制方法进行绘制。具体坐标为（50mil，50mil）、（50mil，2050mil）、（2050mil，3050mil）和（3050mil，50mil）。绘制好的电气边界如图 7-14 所示的内层边界。

7.4　导　入　数　据

本节介绍向 PCB 文件中导入元器件封装。有两种方法将元器件导入到 PCB 文件中去。

一种方法是由原理图生成网络表文件，然后将网络表文件加载到 PCB 文件中去。另一种方法是直接从原理图更新 PCB 文件。

7.4.1　加载网络表

接 7.3 节操作，执行菜单命令 Design→Load Nets，系统弹出加载网络表对话框。在对话框中单击【Browse】按钮，选择所要加载的网络表文件，然后单击【OK】按钮，如图 7-15 所示。

单击【OK】按钮后，网络表导入到当前设计中，如果没有出现错误，则在对话框下部的状态行"Status"中显示"All macros validated"，如图 7-16 所示。然后单击【Execute】按钮执行元器件导入，如图 7-17 所示。

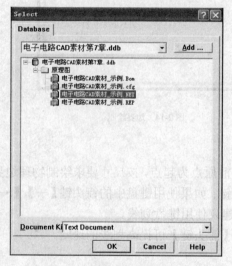

图 7-15　选择要导入的网络表文件

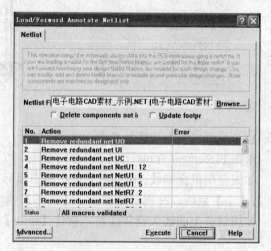

图 7-16　加载网络表后的情况

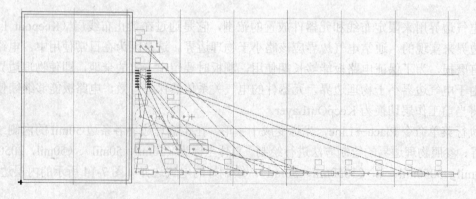

图 7-17　将网络表导入 PCB 后

从图 7-17 中可以看到元器件之间有许多连接线，这些连接线称为飞线，表示了电路原理图中元器件之间的电气连接关系。在后面的布线操作中，要把这些飞线变为真正的铜导线连接在一起。

7.4.2　根据原理图更新 PCB

除了采用加载网络表的方式将元器件导入 PCB，还可以利用根据原理图更新 PCB 的方法将元器件导入 PCB。

在 PCB 中物理边界和电气边界绘制完成基础上，打开原理图文件，执行菜单命令 Design→Update PCB，弹出 Synchronizer（同步）对话框，在对话框中选择要更新的 PCB 文件，然后单击【Apply】按钮，如图 7-18 所示。

单击【Apply】按钮之后，软件弹出 Update Design（更新设计）对话框，所有选项采用默认设置，然后单击【Execute】按钮执行更新操作，如图 7-19 所示。

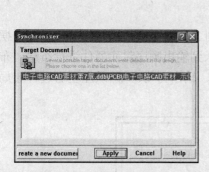

图 7-18　Synchronizer 对话框

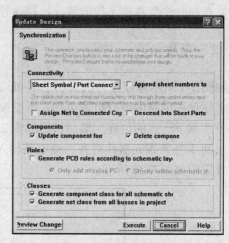

图 7-19　Update Design 对话框

执行后效果和加载网络表导入元器件是相同的。

7.5　元器件布局

7.5.1　常用布局原则

元器件导入 PCB 后，其摆放的位置是不适合布线的，必须按照一定的原则重新摆放元器件，使元器件的位置合理并适合布线。

将元器件按一定的规则重新摆放以适合布线的要求，这个过程称为元器件布局。元器件布局有两种方法，一种方法是利用 Protel 99 SE 自带的自动布局工具进行布局操作，另一种方法是手动进行元器件布局。一般来讲采用软件自带的布局工具进行布局，其结果往往不能满足布线的需要，自动布局之后还需要手动进行调整，所以建议采用手动布局为好。

手动布局的一般性原则如下。

（1）就近原则。

一般在芯片周围都会有一些分立元器件，观察原理图，将芯片周围的分立元器件就近在芯片附近摆放。

（2）自输入到输出布局原则。

按照从输入电路到输出电路顺序进行布局。

（3）先芯片后分立元器件布局原则。

布局时，先根据电路原理图将集成芯片摆放好，然后再根据就近原则摆放分立元器件。

（4）元器件对齐原则。

为了布局美观，将元器件尽可能摆放整齐。

（5）先电源后功能电路布局原则。

一般在对电路进行布局时，首先考虑摆放电源，合理布局电源电路后，再对其他功能电路进行布局。

（6）布局时注意观察飞线的情况，尽量使飞线减少交叉为后面的布线减少障碍。

7.5.2　布局

以如图 7-1 所示原理图为例说明手动布局过程。

这个原理图电路中没有电源电路，所以按照原则 3 首先摆放芯片 U1，将 U1 横向摆放在电路板中部靠下一点的位置，然后按照原则 2 从输入到输出顺序对元器件进行布局，布局过程采用原则 1 并兼顾元器件对齐。该电路输入为 Ui，输出为 Uo，即从左至右进行布局。布局后的效果图如图 7-20 所示。

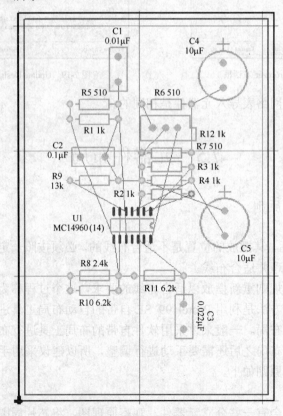

图 7-20　布局后的 PCB 图

7.6　自动布线规则介绍

Protel 99 SE 软件提供了强大的自动布线功能，自动布线需要按照一定的规则进行，所以布线前需要进行规则设定。

执行菜单命令 Design→Rules，系统弹出 Design Rules（规则设计）对话框，如图 7-21 所示。

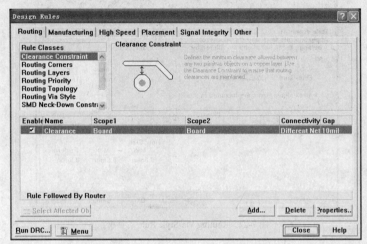

图 7-21　Design Rules 对话框

布线规则有很多种，这里只对常用规则加以介绍。如图 7-21 所示，在 Routing 标签下有 Clearance Constraint（线间距约束）、Routing Corners（布线拐角）、Routing Layer（布线层）、Routing Priority（布线优先级）、Routing Topology（布线拓扑）、Routing Via Style（布线过孔样式）、SMD Neck-Down Constraint（SMD 引出线约束）、SMD To Corner Constraint（SMD 到拐角约束）、SMD To Plane Constraint（SMD 到层约束）和 Width Constraint（线宽约束）规则。

其中常用的规则有 Clearance Constraint（安全间距）、Routing Corners（布线拐角）、Routing Layer（布线层）、Routing Topology（布线拓扑）、Routing Via Style（布线过孔样式）和 Width Constraint（线宽约束）。

（1）Clearance Constraint（安全间距）规定了两个导电对象之间的最小距离。这部分内容将在第 8 章中进行介绍。

（2）Routing Corners（布线拐角）规则规定了走线的拐角。一般情况下，布线拐角都设定为 45°。

（3）Routing Layer（布线层）规则规定了布线工作层和各层走线方向，系统默认是顶层 TopLayer 采用横向布线，底层 BottomLayer 采用纵向布线的双面板设置。

（4）Routing Topology（布线拓扑）规定了走线的拓扑样式。一般，双面印制板布线都采用最短布线拓扑，即采用默认布线拓扑规则。

（5）Routing Via Style（布线过孔样式）规定了布线过程中产生的过孔样式。

一般情况下，双面印制板的过孔大小规定为：过孔直径=1mm，过孔孔径=0.6mm，如需设置，可按【Q】键将单位改为 mm 后进行修改，操作过程如下。

在如图 7-21 所示对话框 Rule Classes 区域中选中 Routing Via Style 规则，单击对话框下方的【Properties】按钮，系统弹出 Routing Via-Style Rule 对话框，如图 7-22 所示。在图 7-22 所示对话框中，在 a Diameter 直径位置下的 Min（最小直径）、Max（最大直径）和 Preferred（最佳直径）中填写"1mm"，这样就规定了过孔直径为 1mm；在 Hole Size 孔径位置下的 Min（最小孔径）、Max（最大孔径）和 Preferred（最佳孔径）中填写"0.6mm"，这样就规定了过孔孔径为 0.6mm。设置完毕后单击【OK】按钮。

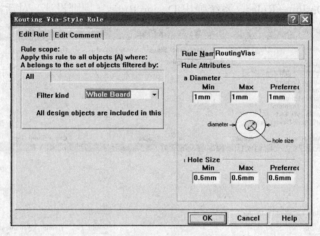

图 7-22　Routing Via-Style Rule 对话框

（6）Width Constraint（线宽约束）规定了布线的宽度。布线宽度没有统一的要求，要根据实际情况来确定具体的走线宽度。电源线和地线走线宽度要尽量宽，通过大电流的走线宽度要宽，关键信号线要根据要求确定走线宽度。这一规则的设置将在后续章节中介绍。

7.7　自动布线

规则设定后，就可以开始自动布线了。自动布线是 Protel 99 SE 提供的强大功能，这项功能可以让布线变得相对简单快速。

在已经布局后的 PCB 文件中，执行菜单命令 Auto Route→All，系统弹出 Autorouter Setup 对话框，如图 7-23 所示。

将 Routing Grid 设置为 20mil。这个值初始是 1mil，如果不修改这个值，单击【Route All】按钮后，系统将弹出 Advanced Route 对话框建议用户将这个值修改为 20mil，如图 7-24 所示。

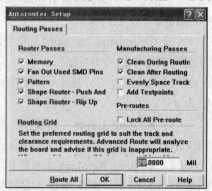

图 7-23　自动布线对话框

单击【是】按钮后，自动布线开始。布线完毕，软件会提示布线完毕并给出布线信息，如图 7-25 所示。

自动布线后的 PCB 如图 7-26 所示，板面上所有飞线都被红色和蓝色的实际走线所取代。

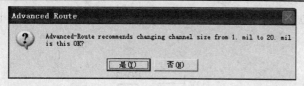

图 7-24　Advanced Route 对话框

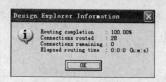

图 7-25　布线信息

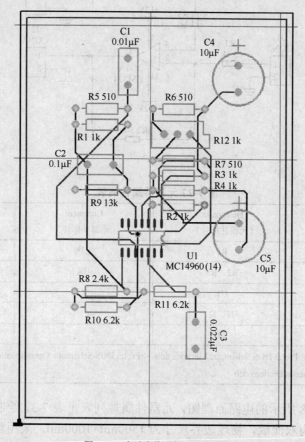

图 7-26　自动布线后的 PCB 板图

本 章 小 结

本章通过一个简单实例说明利用自动布线设计双面印制板的方法。通过本章的学习希望读者能够初步掌握双面板自动布线的基本流程和方法，为后续学习打下基础。

本章涉及的原理图中所有元器件符号均可直接从元器件符号库中调出。

练 习 题

1. 绘制如图 7-27 所示的电路原理图，元器件属性列表见表 7-2。绘制这个电路原理图的

PCB 板。要求 PCB 为双面板,物理边界尺寸为 1500mil×1000mil,采用默认布线规则,自动布线。

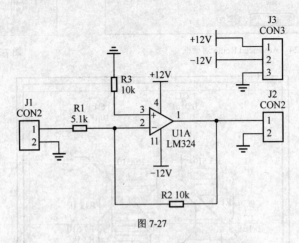

图 7-27

表 7-2   **图 7-27 元器件属性列表**

LibRef (元器件名称)	Designator (元器件标号)	Comment (元器件标注)	Footprint (元器件封装)
RES2	R1	5.1k	AXIAL0.4
RES2	R2、R3	10k	AXIAL0.4
LM324	U1		DIP14
CON2	J1、J2		SIP2
CON3	J3		SIP3

其中 LM324 元器件符号是在 Protel DOS Schematic Libraries.ddb—>Protel DOS Schematic Operational Amplifiers.lib 中

其余元器件符号在 Miscellaneous Devices.ddb

2. 绘制如图 7-28 所示的电路原理图,元器件属性列表见表 7-3。绘制这个电路原理图的 PCB 板。要求 PCB 为双面板,物理边界尺寸为 1500mil×1000mil,采用默认布线规则,自动布线。

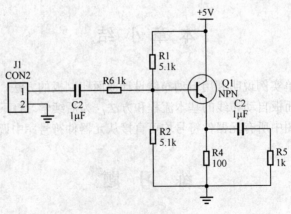

图 7-28

表 7-3		图 7-28 元器件属性列表	
LibRef （元器件名称）	Designator （元器件标号）	Comment （元器件标注）	Footprint （元器件封装）
RES2	R1、R2	5.1k	AXIAL0.4
RES2	R5、R6	1k	AXIAL0.4
RES2	R4	100	AXIAL0.4
CON2	J1		SIP2
NPN	Q1		TO-92A
CAP	C1、C2	1μF	RAD0.2

元器件符号在 Miscellaneous Devices.ddb

第8章 PCB 设计中的其他设置

8.1 锁定元器件位置

在布线前或布线过程中，有一些元器件的位置需要固定不变，为了防止对这些元器件进行误操作而改变其位置，可以利用 Protel 99 SE 提供的元器件锁定功能来锁定元器件位置。一旦用户要移动锁定的元器件，系统会提示用户这个元器件是锁定的。

如果用户要锁定一个元器件，只需在 PCB 文件中双击这个元器件，在弹出的元器件属性对话框中勾选 Locked 选项，然后单击【OK】按钮即可锁定元器件。例如要锁定第 7 章图 7-20 中的芯片 U1，只需双击芯片 U1，弹出如图 8-1 所示的对话框，在对话框中勾选 Locked 复选框，单击【OK】按钮即锁定了 U1。

锁定 U1 后，如果用户要移动 U1 的位置，软件会弹出如图 8-2 所示对话框提示用户 U1 这个元器件是锁定的，是否继续。单击【Yes】按钮可以移动元器件，否则元器件不会被移动。

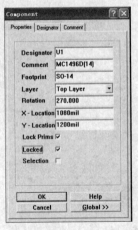

图 8-1 锁定元器件 U1

图 8-2 确认对话框

8.2 单面板与双面板

8.2.1 双面板设置

要制作一块双面板，需要设置顶层布线层和底层布线层的走线方向。对于新建的 PCB 文件，默认情况下该 PCB 文件所描述的电路板即为双面板。

执行菜单命令 Design→Option，系统弹出 Document Options 对话框，如图 8-3 所示。

双面板需要打开的工作层有 Toplayer、Bottomlayer、Mechanical1、TopOverlay、Bottom Overlay、KeepOutlayer 和 Mutilayer。其中，如果不需要在 PCB 两面放置元器件，那么可以将 BottomOverlay 关闭。

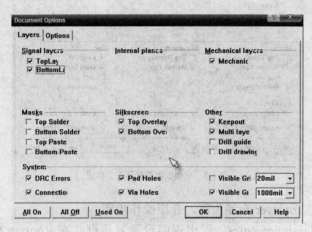

图 8-3　Document Options 对话框

将需要的工作层打开后，执行菜单命令 Design→Layer Stack Manager，弹出 Layer Stack Manager 对话框，如图 8-4 所示。

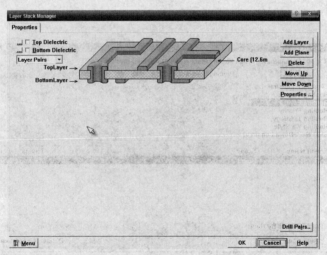

图 8-4　Layer Stack Manager 对话框

在这个对话框中可以清楚地看到 PCB 板有正反两面，正反两面均可走线，而且过孔中有沉锡以连接两面走线。

8.2.2　单面板设置

单面板需要打开的工作层有 Toplayer、Bottomlayer、Mechanical1、TopOverlayer 或

BottomOverlayer、KeepOutlayer 和 Mutilayer，如图 8-5 所示。其中只在 Toplayer 或 Bottomlayer 布线。

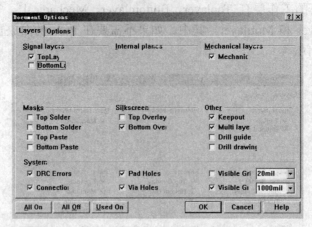

图 8-5　单面板需要打开的工作层

下面看以在顶层 Toplayer 布线为例，介绍操作步骤。

执行菜单命令 Design→Rules，弹出规则设置对话框。在 Routing 标签下 Rule Classes 区域中选择 Routing layers 选项，如图 8-6 所示。在对话框中鼠标左键单击【Properties】按钮，弹出 Routing layer Rule 对话框，在对话框中 Rule Attributes 区域中，选择 Toplayer 下拉菜单中的 Any 选项，选择 Bottomlayer 下拉菜单中的 Not Used 选项，如图 8-7 和图 8-8 所示。

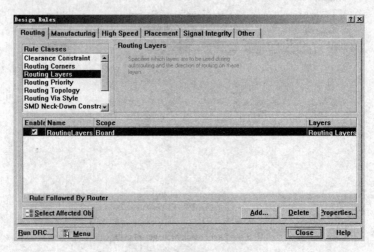

图 8-6　打开规则设置对话框

完成上述操作后，其具体含义为在顶层布线层（Toplayer）中可以随意走线，底层布线层不允许走线（Not Used）。在底层丝印层（BottomOverlayer）上放置元器件封装符号。

设置完毕后，PCB 工作区下面的工作层标签如图 8-9 所示。

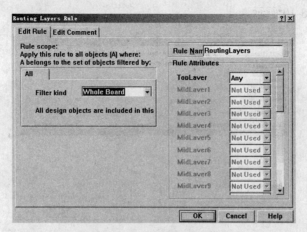

图 8-7　Toplayer 下拉菜单中选择 Any

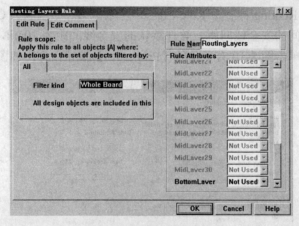

图 8-8　Bottomlayer 下拉菜单中选择 Not Used

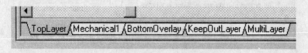

图 8-9　设置单面板后的工作层

8.3　在自动布线前设置安全间距和线宽

8.3.1　设置安全间距

在进行自动布线之前，需要确定走线之间的间距，这个间距在 Protel 99 SE 中称作安全间距。如果布线间距小于安全间距，系统会报错。另外实际的 PCB 板上如果线间距过小，极易导致不同走线之间发生短路现象。

在将原理图中的元器件导入 PCB 文件后，执行菜单命令 Design→Rules，系统弹出 Design

Rules 对话框，如图 8-10 所示。

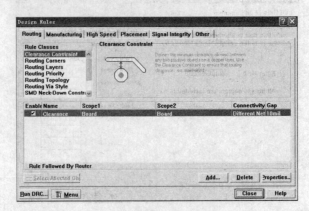

图 8-10　Design Rules 对话框

在这个对话框的 Routing 标签下 Rule Classes 区域中第一个选项为 Clearance Constraint，这个选项定义了走线间的安全线间距。软件默认的安全线间距为 10mil，根据 PCB 不同的要求可以修改这个值。单击图 8-10 右下角的【Properties】按钮，弹出如图 8-11 所示对话框。

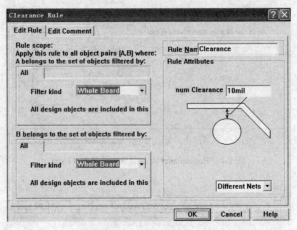

图 8-11　Clearance Rule 对话框

在对话框的 num Clearance 中修改安全线间距，如将间距改为 20mil，修改完毕，单击【OK】按钮，返回图 8-10 所示对话框，此时对话框下方的规则内容改为图 8-12 所示。

图 8-12　修改后的安全间距

8.3.2　设置线宽

设置线宽操作在布线前进行。

以第 7 章中的实例来说明设置走线的宽度。这里要求电路中±12V 网络的走线宽度为 30mil，GND 网络走线宽度为 40mil，其他走线宽度统一为 10mil。

在图 8-10 所示对话框的 Rule Classes 区域中，选择 Width Constraint 设置线宽规则，如图 8-13 所示。在这个对话框中可以对走线的线宽进行设置。在线宽设置中，需要设置三个数值，分别为：最小线宽 Minimum、最大线宽 Maximum 和最优线宽 Preferred。软件默认的这三个数值全部为 10mil。

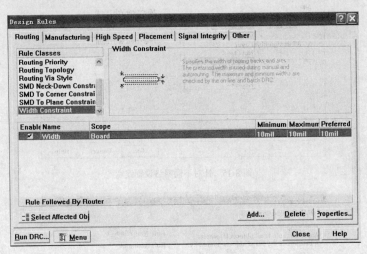

图 8-13　设置线宽

单击【Add】按钮增加走线宽度设置规则，系统弹出如图 8-14 所示的 Max-Min Width Rule 对话框。在 Max-Min Width Rule 对话框中单击 Filter kind 下拉选项，选择 Net，如图 8-15 所示。

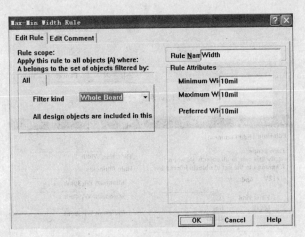

图 8-14　Max-Min Width Rule 对话框

在如图 8-16 所示的对话框中选择 Net 下拉选项中的+12V 网络，在 Rule Attributes 区域中修改三个线宽值，修改后的线宽值如图 8-17 所示。这里最小线宽、最大线宽和最优线宽都为 30mil，即意味着在布线时+12V 网络的走线宽度只能为 30mil。如果在设置线宽时，最小线宽、最大线宽和最优线宽三个数值不相等，例如最小线宽=20mil，最大线宽=50mil，最优线宽=40mil，那么在布线时，系统会将+12V 网络走线宽度设置为最优线宽 40mil，且允许用户将+12V 网络线宽修改为 20～50mil 之间的任意值。设置完毕，单击【OK】按钮返回上一级对话框。

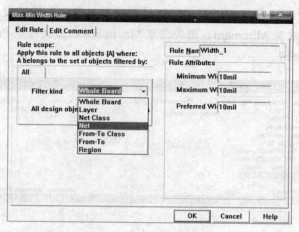

图 8-15　针对不同网络设置线宽

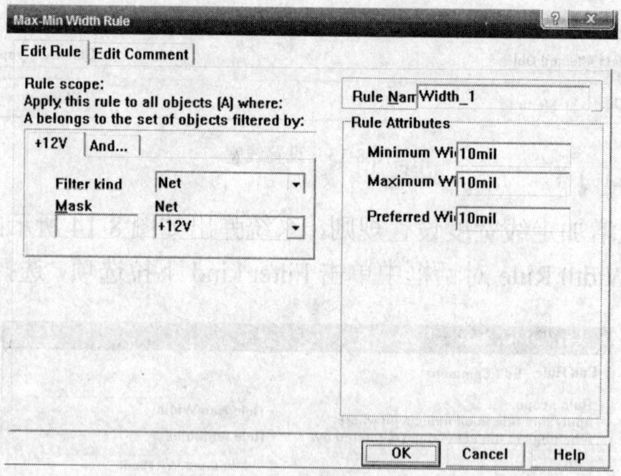

图 8-16　对+12V 网络设置线宽对话框

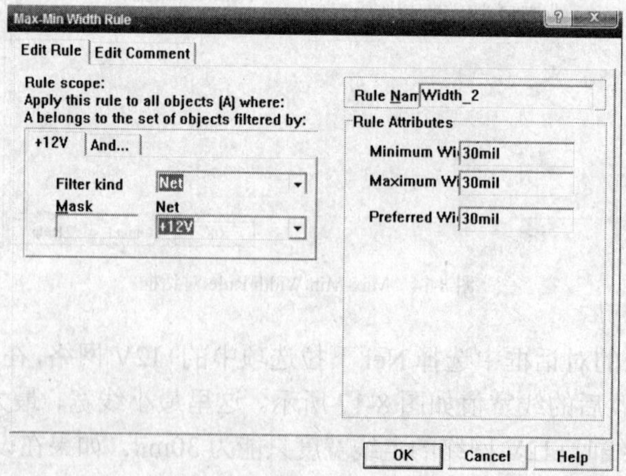

图 8-17　+12V 网络线宽设置

按照上述方法可以分别设置–12V 和 GND 网络线宽，如图 8-18 和图 8-19 所示。
图 8-20 所示为分别设置线宽之后的界面。

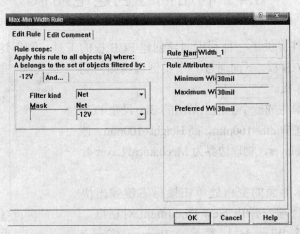

图 8-18　–12V 网络线宽设置

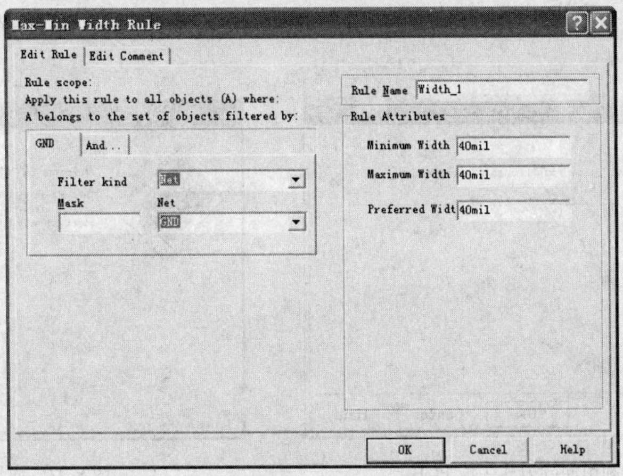

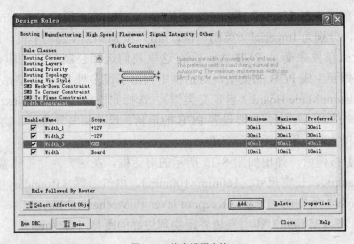

图 8-19　GND 网络线宽设置

图 8-20　线宽设置完毕

8.4 利用向导创建电路板

Protel 99 SE 软件提供了一种利用向导创建 PCB 板的工具，利用这个工具，我们可以生成各种不同标准的 PCB 板。下面通过一个实例说明如何利用向导工具生成 PCB 板。

本例利用向导工具生成一个工程上常用的 3U 尺寸 PCB 板。该板具体尺寸为宽 Width=160mm，高 Height=100mm。该板电气边界为 Keepout layer，物理边界为 Mechanical Layer 4，PCB 板形状为矩形。

在如图 8-21 所示界面的空白处单击鼠标右键弹出快捷菜单，选择 New 选项，弹出 New Document 对话框。在这个对话框中选择 Wizards 标签下的 Printed Circuit Board Wizard，如图 8-22 所示，然后单击【OK】按钮，弹出向导对话框，如图 8-23 所示。

图 8-21　新建向导

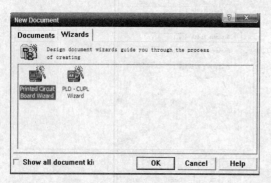

图 8-22　选择利用向导方式生成 PCB

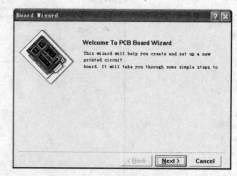

图 8-23　向导对话框

在对话框上直接单击【Next】进行下一步设置，如图 8-24 所示，在 Units（单位）区域中有两个单选项，分别为 Imperial（英制单位，mil）和 Metric（公制单位，mm）。这两个选项用来确定用什么单位来衡量 PCB 大小。在这里我们选择公制单位，即 Metric。选择完单位，接下来选择要生成 PCB 的类型，对话框中列出了很多种 PCB 类型，一般情况下都选择第一种类型 Custom Made Board（自定义类型）。选择完毕后，单击【Next】按钮进行下一步设置。在接下来的对话框中，需要设置 PCB 的形状、尺寸、电气边界、物理边界、边界线宽度及电气边界和物理边界的距离等参数。

单击【Next】按钮后，弹出如图 8-25 所示的对话框，在这个对话框中需要确定 PCB 的形状（矩形 Rectangu）、长宽尺寸（160mm×100mm）、电气边界（Boundary layer）和物理边界（Dimension layer）所在的工作层（Keepout layer 和 Mechanical Layer 4）、两个边界绘制线的线宽度（10mil 或 0.254mm）和电气边界距物理边界的距离（1.27mm）。

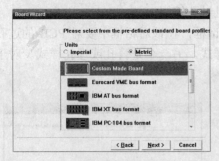

图 8-24　板型选择对话框

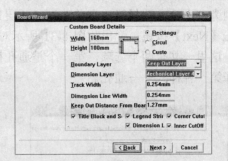

图 8-25　综合设置对话框

设置完毕，单击【Next】按钮，弹出 PCB 板的尺寸图，如图 8-26 所示。

单击【Next】按钮，弹出如图 8-27 所示的对话框，在这个对话框中对 PCB 的四个拐角进行设置。本例中 PCB 是一个规则的矩形，所以没有拐角设置，故几个拐角设置值均为 0 值。

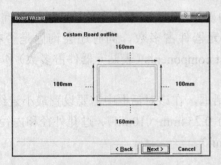

图 8-26　PCB 尺寸对话框

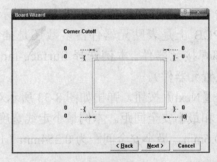

图 8-27　PCB 拐角设置对话框

单击【Next】按钮，弹出如图 8-28 所示的对话框，在这个对话框中对 PCB 的四个内拐角进行设置。本例中，这四个值为 0 值。

单击【Next】按钮，弹出如图 8-29 所示的对话框，这个对话框用来设置设计标题、公司名称、PCB 图号、第一设计者姓名和联系电话及第二设计者姓名和联系电话。

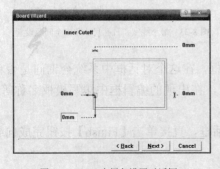

图 8-28　PCB 内拐角设置对话框

图 8-29　标题模块设置对话框

单击【Next】按钮，弹出如图 8-30 所示对话框，在该对话框中要对 PCB 的层数进行设定。本例为双面板，选择第一个单选框（两层且过孔镀锡）。

单击【Next】按钮，弹出如图 8-31 所示对话框，在该对话框中要对 PCB 的过孔样式进行设定。这里一共有两个选项，第一个是通孔样式，另一个是盲孔或埋孔样式。对于双面板只能选择第一种样式——通孔。

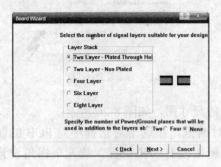

图 8-30 层数设置

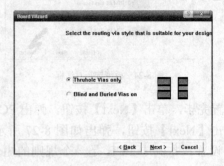

图 8-31 过孔样式设置

单击【Next】按钮，弹出如图 8-32 所示的对话框，在该对话框中，系统会询问所要生成的 PCB 上是表贴元器件占多数还是插接元器件占多数，同时还会询问是否在 PCB 的两面都焊接元器件。本例选择 Surface-mount components（表贴元器件占多数）和 No（只在一面放置元器件）。

单击【Next】按钮，弹出如图 8-33 所示对话框，在该对话框中需要设置最小走线宽度、过孔尺寸和最小安全间距。本例最小走线宽度为 0.254mm（10mil）、过孔外径和内径分别为 1mm 和 0.6mm、最小安全间距为 0.254mm（10mil）。

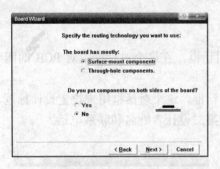

图 8-32 设置表面贴装选项且只在一面放置元器件

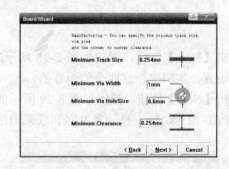

图 8-33 最小线宽、过孔尺寸和安全间距设置

单击【Next】按钮，弹出如图 8-34 所示对话框，在这个对话框中系统会询问是否将所生成的 PCB 板当作模板使用，如果是，勾选复选框，在出现的编辑框中填写模板名称等信息，如果不希望保存模板，可直接单击【Next】按钮。

单击【Next】按钮后弹出向导的最后一个对话框，直接单击【Finish】按钮完成向导。如图 8-35 所示。

完成向导后，即生成一个 PCB，如图 8-36 所示。

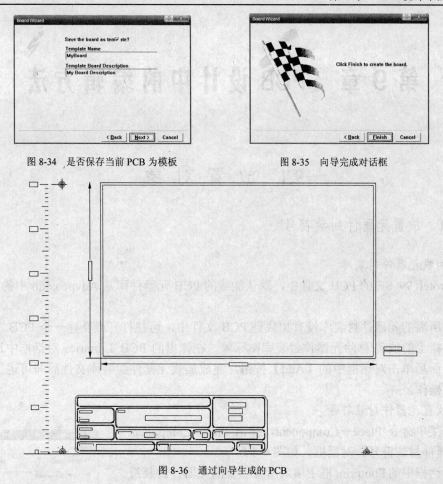

图 8-34　是否保存当前 PCB 为模板　　　　　图 8-35　向导完成对话框

图 8-36　通过向导生成的 PCB

本 章 小 结

　　本章介绍了常用双面板和单面板的基本设置并介绍了 PCB 板布线的有关参数和规则设置。通过本章学习，读者可以初步掌握简单 PCB 板的相关参数含义和设置。在本章的最后还通过实例介绍了如何利用向导来生成 PCB。

练 习 题

　　1．将第 7 章例题中的电路板设置为单面板。

　　2．设置第 7 章例题中的布线规则。安全间距设置为 10mil；+12V 和+5V 网络线宽设置为 30mil；GND 网络线宽设置为 30mil；其余线宽设置为 10mil。

　　3．利用向导生成第 7 章例题中要求的 PCB，禁止两面放置元器件，过孔的内径和外径分别为 0.6mm 和 1mm。

　　4．重新对 8.3 节生成的 PCB 进行自动布线。

第 9 章　PCB 设计中的编辑方法

9.1　放 置 对 象

9.1.1　放置元器件封装符号

1. 加载元器件封装库

在 Protel 99 SE 的 PCB 文件中，默认加载的 PCB 元器件库是 Advpcb.ddb 中的 PCBFootprints.lib。

如果所需的元器件封装库没有加载到 PCB 文件中，可在打开或新建一个 PCB 文件后单击主工具栏上的加载/移除元器件封装库图标▥，在弹出的 PCB Libraries 对话框中选择所需库文件，而后单击对话框中的【Add】按钮，完成加载元器件封装库文件后即可进行放置封装符号的操作。

2. 放置元器件封装符号

执行菜单命令 Place→Component，弹出 Place Component （放置元器件封装符号）对话框，如图 9-1 所示。

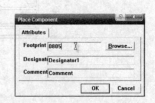

图 9-1　放置元器件封装符号对话框

在对话框中的 Footprint 框中填入所要放置的元器件封装符号名称，单击【OK】按钮即可在 PCB 文件中放置元器件的封装符号。例如，在 Footprint 框中填入贴片电阻的一种封装 0805，单击【OK】按钮，界面上出现 0805 的电阻封装，然后选择一个位置单击鼠标左键放置电阻元器件封装，如图 9-2 所示。

Chapter9.ddb | Documents | PCB1.PCB

图 9-2　在 PCB 上放置元器件

放置元器件封装后，系统又会弹出 Place Component 对话框，如果还需继续放置封装的话，则按照上面所述操作继续放置封装，否则在对话框中单击【Cancel】按钮取消即可。

放置元器件封装还可以采用其他方式。例如，打开 PCB 文件后，在软件的左边栏单击 Browse PCB 标签，如图 9-3 所示。在 Browse 框中单击下拉菜单按钮，选择 Libraries 选项。在 Components 选择框中选择需要放置的元器件封装，单击【Place】按钮就可以将该元器件封装符号放置在 PCB 文件中。另外，还可以在图 9-3 中，单击【Browse】按钮，弹出 Browse Libraries 对话框，如图 9-4 所示。在对话框中选择需要放置的元器件封装，然后单击【Place】按钮，就能将封装符号放置在 PCB 中。

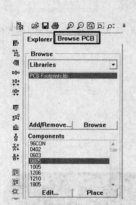
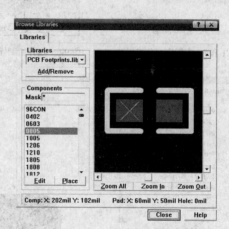

图 9-3　从 Browse 标签中选择要放置的元器件封装　　　　图 9-4　Browse Libraries 对话框

9.1.2　绘制铜膜导线

在如图 9-5 所示的图中，两个焊盘之间有一条飞线，表示这两个焊盘之间有电气连接关系，因此两个焊盘之间需要通过铜膜导线相连接。铜膜导线可以绘制在 Toplayer 或 Bottomlayer 上，本例铜膜导线绘制在 Toplayer 上。

首先将工作层切换至 Toplayer，单击如图 9-6 所示的绘制导线按钮或执行菜单命令 Place→Interactive Routing，此时光标变为十字形状，将光标移到一个焊盘的中心，单击鼠标左键，然后拖动光标到另一个焊盘的中心，再次双击鼠标左键后单击鼠标右键取消绘制命令，此时在两个焊盘之间就绘制了一条铜膜导线，如图 9-7 所示。

鼠标左键双击绘制好的铜膜导线，弹出 Track（铜膜导线属性）对话框，如图 9-8 所示。对话框中 Width 为导线的宽度，Layer 为导线所处的工作层，Net 为导线属于哪一个电气网络。Locked 复选项为锁定导线，Selection 复选项为选定导线。Start-X、Start-Y、End-X 和 End-Y 分别为导线的起始端和终端的坐标位置。Keepout 复选框功能是在导线周围加上一圈 keepout 层标识，如图 9-9 所示。

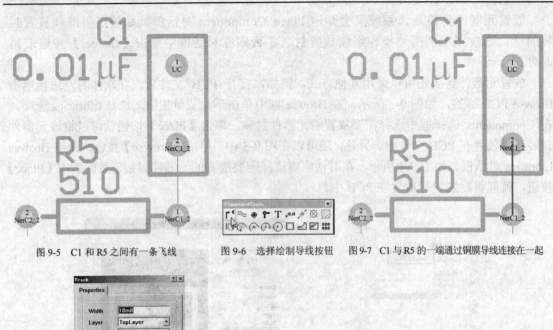

图 9-5　C1 和 R5 之间有一条飞线　　　　图 9-6　选择绘制导线按钮　　　图 9-7　C1 与 R5 的一端通过铜膜导线连接在一起

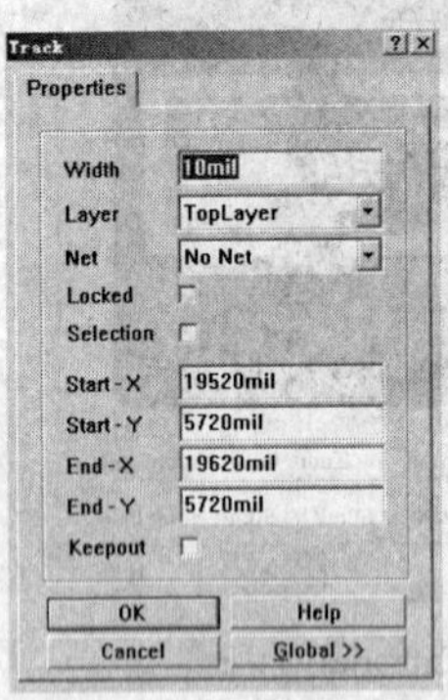

图 9-8　铜膜导线属性对话框　　　　　　图 9-9　在导线周围显示 keepout 层标识

9.1.3　绘制连线

连线一般在丝印层绘制，利用连线可以绘制一些标记形状和图案，或者绘制辅助线帮助用户进行布局。连线与铜膜导线不同，后者是元器件之间真实的电气连接。

单击 PlacementTools 工具栏上的【Place lines】按钮，如图 9-10 所示或者执行菜单命令 Place→line 命令，此时光标变为一个十字形状，单击鼠标左键固定一点，移动光标绘制一条连线，在终端位置双击鼠标左键确定终点，然后右键单击鼠标取消绘制连线。

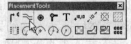

图 9-10　选择绘制连线按钮

连线的属性对话框与铜膜导线完全相同，这里不再赘述。

9.1.4　放置焊盘

执行菜单命令 Place→Pad 或者单击 PlacementTools 工具栏上的放置焊盘按钮，如图 9-11 所示。此时光标变为如图 9-12 所示，单击鼠标左键在 PCB 文件上放置焊盘。继续单击鼠标左键还可以继续放置焊盘，单击鼠标右键取消放置操作。

　　鼠标左键双击已经放置好的焊盘，弹出 Pad（焊盘属性）对话框，如图 9-13 所示。对话框中 X-Size 和 Y-Size 为焊盘 X 方向和 Y 方向的大小。Shape 为焊盘的形状，焊盘形状共有三种，分别是 Round（圆形）、Rectangle（矩形）和 Octagonal（八角形）。Designator 为焊盘的序号，Hole Size 为焊盘孔的直径大小，Layer 为焊盘所在的工作层，Rotation 为焊盘的旋转角度，X-Location 和 Y-Location 为焊盘的位置坐标。Testpoint 为设置焊盘为测试点。

　　焊盘的 Net 选项是确定焊盘属于哪一个电气网络，该属性位于对话框中的 Advanced 标签下。

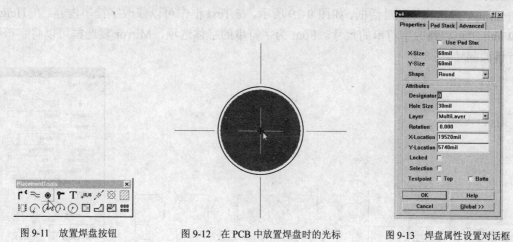

图 9-11　放置焊盘按钮　　　　图 9-12　在 PCB 中放置焊盘时的光标　　　图 9-13　焊盘属性设置对话框

9.1.5　放置过孔

　　执行菜单命令 Place→Via 或者单击 PlacementTools 工具栏上的放置过孔按钮，如图 9-14 所示。此时光标变为如图 9-15 所示，单击鼠标左键在 PCB 文件上放置过孔。继续单击鼠标左键还可以继续放置过孔，单击鼠标右键取消放置操作。鼠标左键双击已经放置好的过孔，弹出 Via（过孔属性）对话框。对话框中 Diameter 为过孔的外直径，Hole Size 为过孔的孔直径，Start Layer 和 End Layer 为过孔穿过 PCB 的起始和终止工作层。Solder Mask 选项属于非常用选项，这里就不做介绍了。

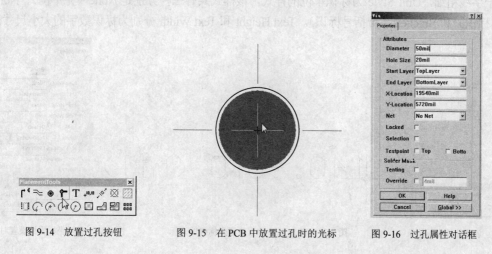

图 9-14　放置过孔按钮　　　　图 9-15　在 PCB 中放置过孔时的光标　　　图 9-16　过孔属性对话框

9.1.6 放置字符串

将当前层设置为顶层丝印层（TopOverLay）或底层丝印层（BottomOverLay）。执行菜单命令 Place→String 或者单击 PlacementTools 工具栏上的放置字符串按钮，如图 9-17 所示。此时移动光标，光标变为如图 9-18 所示。单击鼠标左键放置字符串。系统默认的字符串为 String。双击 String，弹出 String 对话框，如图 9-19 所示，在 Text 框中可以修改字符串内容。在 Height 和 Width 中可以修改字符串的尺寸。Font 为字符串的字体选项，Mirror 复选框可以将字符串进行镜像翻转。

图 9-17　放置字符串按钮　　　　图 9-18　在 PCB 中放置字符串时的光标　　　　图 9-19　修改字符串参数对话框

9.1.7 放置位置坐标

执行菜单命令 Place→Coordinate 或者单击 PlacementTools 工具栏上的放置位置坐标按钮，如图 9-20 所示。此时光标变为如图 9-21 所示，移动光标时，所显示的坐标在不停地变化，单击鼠标左键放置坐标。鼠标左键双击放置好的位置坐标，弹出 Coordinate（位置坐标属性）设置对话框，如图 9-22 所示。对话框中 Size 为位置坐标标识的十字尺寸大小，Line Width 为位置坐标标识的十字线粗细，Unit Style 为标识单位的样式，该样式共有三种分别是 None（无单位）、Normal（正常标识）和 Brackets（带括号标识）。Text Height 和 Text Width 分别为标识数字的大小尺寸。

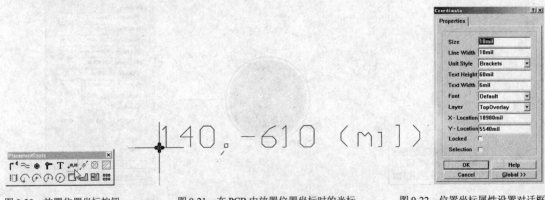

图 9-20　放置位置坐标按钮　　　　图 9-21　在 PCB 中放置位置坐标时的光标　　　　图 9-22　位置坐标属性设置对话框

9.1.8　放置尺寸标注

执行菜单命令 Place→Dimension 或者单击 PlacementTools 工具栏上的放置尺寸标注按钮，如图 9-23 所示。此时光标变为如图 9-24 所示，单击鼠标左键确定标注的起始端，移动光标时，标注尺寸在不断变化，最后单击鼠标左键确定标注的终点，如图 9-25 所示。鼠标左键双击放置好的位置坐标，弹出 Coordinate（位置坐标属性）设置对话框，如图 9-26 所示。Height 为标注线的高度数值，Line Width 为标注线的线宽数值。Start-X、Start-Y、End-X 和 End-Y 分别为标注的坐标起点和终点坐标。

图 9-23　放置尺寸标注按钮　　　　　　　　图 9-24　在 PCB 中放置尺寸标注时的光标

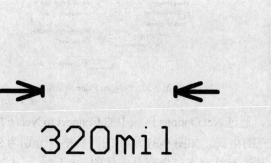

图 9-25　放置尺寸标注

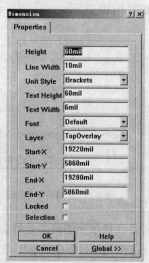

图 9-26　坐标标注属性设置对话框

9.1.9　放置矩形填充

在顶层布线层或底层布线层中，矩形填充一般用来大面积铺铜膜或分块儿布铜膜。

执行菜单命令 Place→Fill 或者单击 PlacementTools 工具栏上的放置矩形填充按钮，如图 9-27 所示。此时光标变为十字形状，将光标移到放置矩形填充的左上角位置，单击鼠标左键，确定矩形填充的第一个顶点，然后拖动鼠标，拉出一个矩形区域，再单击鼠标左键确定矩形右下角，从而完成一个矩形填充的放置。单击鼠标右键，退出放置状态，如图 9-28 所示为绘制好的矩形填充。

图 9-27 放置矩形填充按钮

图 9-28 绘制好的矩形填充（顶层布线层）

9.1.10 放置多边形填充

多边形填充功能和矩形填充类似，只是多边形填充更加灵活，适用于不规则的图形填充。

执行菜单命令 Place→Polygon Plane 或者单击 PlacementTools 工具栏上的放置多边形填充按钮，如图 9-29 所示。此时，系统会弹出 Polygon Plane 对话框，在这个对话框中要进行一些设置，如图 9-30 所示。

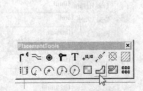

图 9-29 多边形填充按钮

图 9-30 Polygon Plane 对话框

这里需要选择填充的网络是什么，通过 Net Options 区域中的 Connect to Net 下拉框来选择。

Hatching Style 区域用来选择填充的格式。如图 9-31 所示的四种格式分别为 90°格、45°格、竖格和水平线格。No Hatching 是没有格存在，填充是实体的。

图 9-31 填充格式

Surround Pads With 区域是填充环绕焊盘的样式。如图 9-32 所示分别是八角形和圆形环绕的样式。

Plane Settings 区域中，Grid Size 是对填充格的大小进行设置。Track Width 是填充格边界线的尺寸。Layer 是选择在哪一个工作层上进行填充。

图 9-32　填充环绕焊盘的样式

设置完属性对话框后，单击【OK】按钮，光标变成十字形，进入放置多边形填充状态。移动光标，在合适位置单击鼠标左键，确定多边形填充的第一个端点，而后依次在每个拐点单击鼠标左键，确定各端点。在确定了多边形终点位置后直接单击鼠标右键，系统会自动将起点和终点连接起来形成一个多边形区域。如图 9-33 所示为绘制好的多边形填充。

图 9-33　绘制好的多边形填充

9.1.11　绘制圆弧曲线

在 Place 菜单中共有 4 个画圆或圆弧命令，如图 9-34 所示。这 4 个命令各有不同特点。
Arc（Center）为中心法绘制圆弧。用中心法绘制圆弧是通过确定圆弧的中心、起点和终点来确定一个圆弧。

执行菜单命令 Place→Arc（Center）或单击 PlacementTools 工具栏上的【Place arcs by center】按钮。光标变成十字形，移动光标到适当位置，单击鼠标左键确定圆弧中心。移动光标到适当位置，单击鼠标左键确定圆弧半径。移动光标到适当位置，单击鼠标左键确定圆弧起点。移动光标到适当位置，单击鼠标左键确定圆弧终点，如图 9-35 所示。

图 9-34　放置圆弧（中心法）命令

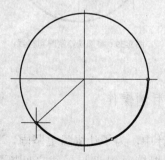

图 9-35　中心法放置圆弧

Arc（Edge）为边缘法绘制圆弧。执行菜单命令 Place→Arc（Edge）或单击 PlacementTools 工具栏上的【Place arcs by edge】按钮。光标变成十字形，移动光标到放置圆弧的位置，单击鼠标左键，确定圆弧的起点。移动光标到适当的位置，单击鼠标左键，确定圆弧的终点，如图 9-36 所示。

Arc（Any Angle）为任意角度法绘制圆弧。执行菜单命令 Place→Arc（Any Angle）或单击 PlacementTools 工具栏上的【Place any angle arcs by edge】按钮。光标变成十字形，将光标移到所需的位置，单击鼠标左键，确定圆的起点。移动光标到适当的位置，单击鼠标左键，确定圆弧的圆心。移动光标到另一个位置，单击鼠标左键，确定圆弧的终点，如图 9-37 和图 9-38 所示。

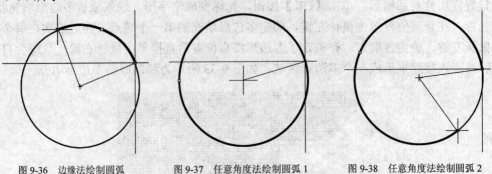

图 9-36　边缘法绘制圆弧　　　图 9-37　任意角度法绘制圆弧 1　　　图 9-38　任意角度法绘制圆弧 2

Full Circle 为整圆法绘制圆和圆弧。执行菜单命令 Place→Full Circle 或单击 Placement Tools 工具栏上的【Place full circle arcs】按钮。光标变成十字形，移动光标到适当位置，单击鼠标左键，确定圆的圆心。移动光标拉出一个圆，在适当位置，单击鼠标左键，确定圆的半径，一个圆绘制完成，如图 9-39 所示。

以上 4 个绘制圆的命令对应 PlacementTools 工具栏上的 4 个相应按钮，如图 9-40 所示。单击这些按钮可以实现与菜单命令相同功能的操作。

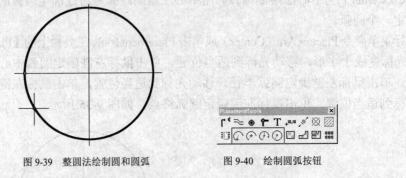

图 9-39　整圆法绘制圆和圆弧　　　　　图 9-40　绘制圆弧按钮

9.1.12　补泪滴操作

在电路板设计中，为了让焊盘更坚固，防止机械制板或焊接时焊盘与导线之间断开，常在焊盘和导线之间用铜布置一个过渡区，形状像泪滴，故称为补泪滴，如图 9-41 所示。

图 9-41　补泪滴前与补泪滴后的焊盘效果图

具体补泪滴操作为：在已经绘制好的 PCB 文件中，执行菜单命令 Tool→Teardrops 命令，如图 9-42 所示，弹出如图 9-43 所示的 Teardrops Options 对话框，按图进行设置后单击【OK】按钮即可实现补泪滴操作。

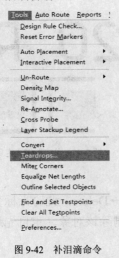

图 9-42　补泪滴命令　　　　　　　　　图 9-43　Teardrops Options 对话框

9.2　对象的复制、粘贴、删除、排列、旋转等操作

9.2.1　对象的复制、粘贴和删除

对 PCB 中的对象进行复制、粘贴和删除操作即可用快捷键实现，也可用菜单上的命令实现。

1. 对象的复制

首先，先选定一个对象。可以按下鼠标左键，在 PCB 文件上拖动以选定一个对象，如图 9-44 所示，选定电阻 R20。选定电阻后，电阻颜色呈黄色。

用快捷键【Ctrl+C】，光标变为十字形，将十字形光标移动到选定的电阻 R20 的一个焊盘上，单击鼠标左键以确定粘贴时的基准点，此时十字形光标消失，复制操作完成。

也可执行菜单命令 Edit→Copy 命令，光标变为十字形，将十字形光标移动到选定的电阻 R20 的一个焊盘上以确定粘贴时的基准点，单击鼠标左键，此时十字形光标消失，复制操作完成。

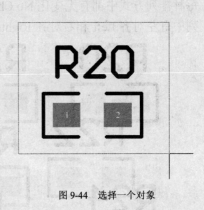

图 9-44　选择一个对象

2. 对象的粘贴

接复制操作。

用快捷键【Ctrl+V】，此时如图 9-45 所示，十字形光标上出现一个 R20 电阻，在任意空白处单击鼠标左键以确定粘贴时的基准点，即完成了电阻的粘贴操作。

也可执行菜单命令 Edit→Paste 命令，十字形光标上出现一个 R20 电阻，在任意空白处单击鼠标左键，即完成了电阻的粘贴操作。

完成粘贴操作后，两个电阻都为选定状态，即它们的颜色均为黄色，单击 PCBToolbar 工具栏上的取消选中状态按钮 DeSelect ✕ 或执行菜单命令 Edit→DeSelect→All 命令即可取消选定状态，此时电阻颜色恢复为原来的颜色，如图 9-46 所示。

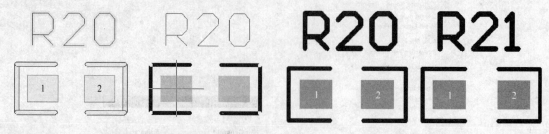

图 9-45　复制一个对象操作　　　　　　　　　图 9-46　单击取消选定后的状态

3. 对象的删除

如果要删除一个对象，可以直接执行菜单命令 Edit→Delete，此时光标变为十字形，将十字形光标移动到要删除的对象上，单击鼠标左键即可删除该对象。也可先选定一个对象，然后用快捷键【Ctrl】+【Delete】将该对象删除。

9.2.2　对象的排列

如图 9-47 所示，一共 8 个电阻散乱地排布在 PCB 上。Protel 99 SE 提供了强大的对象排列功能，可以使散乱的对象快速地排列整齐。

首先，选中电阻 R20~R26，然后执行菜单命令 Tools→Interactive Placement→Align，弹出 Align Components 对话框，如图 9-48 所示。Horizontal 为水平排列，Vertical 为垂直排列。每种排列方式中都有无变化 No Change、中心对齐 center、等间距对齐 Space equally。水平排列中有左对齐 Left 和右对齐 Right，垂直排列中有顶部对齐 Top 和底部对齐 Bottom。

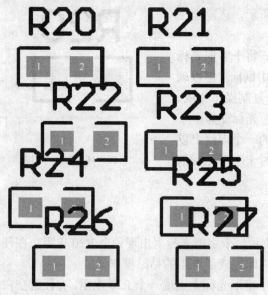

图 9-47　散乱放置的电阻

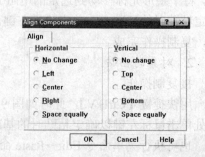

图 9-48　Align Components（对齐元器件）对话框

这里我们选择水平排列之左对齐（Left）和垂直排列之顶部对齐（Top），然后单击【OK】按钮。此时电阻 R20～R26 排列整齐，调整元器件标号的位置后如图 9-49 所示。

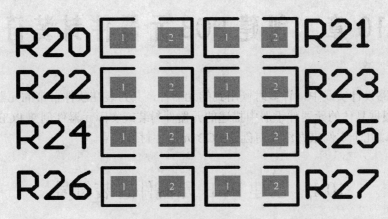

图 9-49　排列整齐的电阻

9.2.3　对象的旋转

用光标拖曳一个对象，在要旋转的对象上按住鼠标左键不放，同时按空格键，此时该对象逆时针旋转 90°。也可先选定一个对象，执行菜单命令 Edit→Move→Rotate Selection，弹出 Rotation Angle（Degrees）对话框，如图 9-50 所示，在对话框中输入所要旋转的角度，单击【OK】按钮，光标变为十字形，然后左键单击所要旋转的对象，即可实现对象的任意角度旋转。

图 9-50　旋转角度设置对话框

本 章 小 结

本章主要介绍了 Protel 99 SE 中各种对象的操作，这些操作在日常绘制 PCB 时会经常用到。读者通过本章的学习和日常练习可以熟练掌握这些对象操作技巧。

练 习 题

1．在 PCB 文件中放置 8 个电阻，电阻封装为 AXIAL0.4，电阻标号为 R1～R8。

2．将题 1 中的 8 个电阻分别排列为横纵两种方式并对齐这些电阻。

3．在 PCB 文件中放置一个电阻，电阻封装为 0805，电阻标号为 R1，将这个电阻复制 7 个。

4．在第 7 章例题所绘制的 PCB 中放置四个定位孔的坐标标注，放置物理边界的尺寸标注。（注：标注均放置在顶层丝印层 TopOverlay）

第 10 章　创建 PCB 元器件封装符号

在电子电路设计实践中，许多时候用到的元器件，其封装在软件自带的元器件库中找不到，这就需要根据具体的元器件手册中描述的元器件封装或实际元器件创建 PCB 元器件封装符号。本章就以几个实例来介绍如何创建 PCB 元器件封装符号。

10.1　创建 PCB 元器件封装符号

创建 PCB 元器件封装符号，有两种方法。一种方法是根据元器件手册手工绘制 PCB 元器件封装符号。这种方法适合创建任何 PCB 元器件封装符号。另一种方法是采用软件提供的创建 PCB 元器件向导来生成 PCB 元器件封装符号。这种方法的优点是简单高效，但是不一定适合所有的元器件封装符号绘制。

10.1.1　手工绘制 PCB 元器件封装符号

本节介绍手工绘制 PCB 元器件封装符号的具体方法和过程。

1. 插接式元器件——金胜阳 DC-DC 模块 WRF1205P-6W 封装符号的绘制

（1）WRF1205P-6W 封装参数。

如图 10-1 所示为金胜阳公司生产的 DC-DC 电源模块，广泛应用在小功率电子电路设计中。该模块为插接式封装形式。

图 10-1　WRF1205P-6W 模块外观

模块 WRF1205P-6W 手册中描述了该元器件的封装，具体如图 10-2 所示。

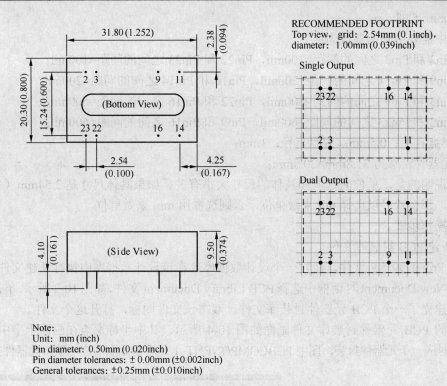

图 10-2 模块 WRF1205P-6W 的封装描述

图 10-2 中给出了模块 WRF1205P-6W 的底视图（Bottom View）和侧面视图（Side View）。在图的底部给出了图中所有标示数据的单位和误差，单位为公制的毫米（mm）和英制的英寸（inch）。图中给出了两种误差，一种是管脚的直径误差（Pin diameter tolerances）为±0.00mm（±0.002inch），另一种是通用误差（General tolerances）为±0.25mm（±0.01inch）。公制单位与英制单位的换算关系为 1inch=25.4mm，1inch=1000mil。

在底视图中，给出了模块的长宽等尺寸。模块长度为 31.8mm（1.252inch），宽度为 20.30mm（0.800inch）。从图中可知模块共有 8 个管脚，管脚序号分别为 Pin2、Pin3、Pin9、Pin11、Pin14、Pin16、Pin22 和 Pin23。图中还给出了管脚之间的距离，Pin22 和 Pin23 之间的距离为 2.54mm（0.100inch），Pin2 和 Pin23 之间的距离为 15.24mm（0.600inch）。Pin11 到模块长边的距离为 2.38mm（0.094inch），Pin14 到模块宽边的距离为 4.25mm（0.167inch）。上述这些参数对于绘制元器件封装非常有用。

在侧面视图中所给出的尺寸是管脚的长度和模块的厚度，分别是 4.10mm（0.161inch）和 9.50mm（0.374inch）。这两个参数一般是给整机结构设计人员使用的，对于绘制元器件封装没有作用。

图 10-2 右侧所给出的是模块管脚的尺寸与排列。图中每一个小格尺寸是 2.54mm×2.54mm（0.1inch×0.1inch），焊盘的直径为 1mm（0.039inch）。

需要注意的是右侧给出的是元器件的顶视图，因此引脚排列与底视图相反。绘制封装符号时，应以顶视图为准。如图 10-2 所示，Pin22 与 Pin16 之间的距离为 6 个小格，即 6×2.54mm=15.24mm，Pin3 与 Pin9 之间的距离也是 15.24mm。Pin16 和 Pin14，Pin9 和 Pin11 之间的距离为 2×2.54mm=5.08mm。

本例中需要用到的参数为：

① Pin2 和 Pin3 之间的间距=100mil，Pin22 和 Pin23 之间的间距=100mil；

② Pin9 和 Pin11 之间的间距=200mil，Pin16 和 Pin14 之间的间距=200mil；

③ Pin3 和 Pin9 之间的间距=600mil，Pin22 和 Pin16 之间的间距=600mil；

④ Pin2 和 Pin23 之间的间距=600mil，Pin9 和 Pin16 之间的间距=600mil；

⑤ 焊盘孔径：0.5mm；焊盘直径：1mm；

⑥ 元器件轮廓为 31.8mm×20.3mm；

需要说明的是，单位的选取和具体的尺寸大小有关。如果具体尺寸是 2.54mm（100mil）的整数倍，那么就可以选择 mil 来做单位，否则选择用 mm 来做单位。

（2）操作步骤。

① 新建 PCB 封装库文件。

打开 Protel 99 SE 软件，新建一个设计数据库，在该设计数据库中执行新建文件操作，在弹出的 New Document 对话框中选择 PCB Library Document 文件，如图 10-3 所示，单击【OK】按钮，则建立了一个 PCB 元器件封装库文件。双击该文件图标，打开这个文件。

打开的 PCB 元器件封装库文件画面如图 10-4 所示，其中坐标原点在画面十字中心处，一个画面对应一个元器件封装，图中 PCBCOMPONENT_1 是右侧画面对应的默认元器件封装名。

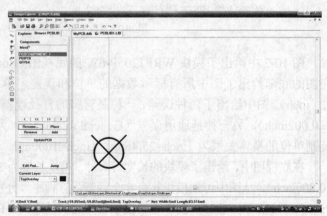

图 10-3　建立 PCB 封装库　　　　　　　　图 10-4　PCB 元器件封装库文件画面

在图 10-4 左侧管理窗口中单击【Rename】按钮，将封装符号名称修改为 WRF1205P-6W，修改封装符号名称是为了清楚地分辨不同元器件的封装。

② 绘制封装轮廓。

所有封装符号的轮廓都应在顶层丝印层（TopOverlay）绘制，用鼠标左键单击屏幕下方的 TopOverlay 标签，将其设置为当前工作层。按照图 10-2，模块 WRF1205P-6W 外边界尺寸为 31.8mm×20.3mm。软件默认的绘图单位是英制单位 mil（1mil=0.0254mm），执行菜单命令 View→Toggle Units 或使用键盘快捷键【Q】，将单位切换成公制单位 mm。

执行菜单命令 Tools→Library Options 弹出 Document Options 对话框，在对话框中选择 Options 标签，将 Snap X 和 Snap Y 修改为 0.1mm。这两个值定义了绘图坐标的最小分辨率，如图 10-5 所示。

单击活动工具栏 PCBLibPlacementTools 上的 Place line 按钮 ≈，从坐标原点开始绘制模块 WRF1205P-6W 的外围边界，绘制过程中坐标值参看左下角的软件状态栏，如图 10-6 所示。

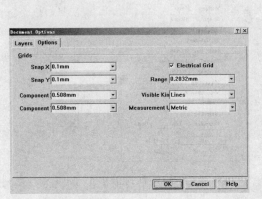

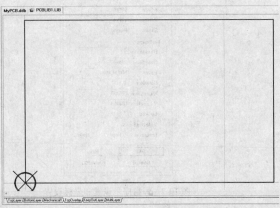

图 10-5　Document Options 对话框　　　　　图 10-6　模块 WRF1205P-6W 的外边界

③ 放置焊盘。

绘制元器件封装主要就是确定焊盘的位置。焊盘的位置必须和手册所给的数据完全一致。相对于焊盘的位置，元器件的轮廓和焊盘的相对位置只要和手册所给数据相差不大即可。

根据图 10-2 右侧所示 Pin2 的位置定位 Pin2。执行菜单命令 View→Toggle Units 或使用键盘快捷键【Q】，将单位切换成英制单位 mil。由图可知 Pin2 距下边界 100mil（一个小格），距左边界 200mil（两个小格）。故 Pin2 的坐标为（200mil，100mil）。Pin2 坐标确定后，根据前面所述的绘制封装参数，可以确定 Pin3 的坐标为（300mil，100mil）、Pin9 的坐标为（900mil，100mil）、Pin11 的坐标为（1100mil，100mil）；Pin23、Pin22、Pin16 和 Pin14 的横坐标分别为 200mil、300mil、900mil 和 1100mil，纵坐标均为 700mil。

单击工具栏 PCBLibPlacementTools 上的放置焊盘 ⊙ 按钮或执行菜单命令 Place→Pad，在已确定好的焊盘位置上放置焊盘。插接式元器件焊盘所处的工作层为多层（Multilayer）。放置焊盘时，先在任意位置放置 8 个焊盘，然后鼠标左键双击某一个放置好的焊盘，弹出如图 10-7 所示的 Pad 对话框，在对话框 Properties 标签下 Designator 中填入焊盘的序号，本例分别为 2、3、9、11、14、16、22、23。设置好序号后，鼠标左键双击序号为 2 的焊盘，在 Properties 标签下的 X-Location 和 Y-Location 中填入 Pin2 的坐标（200mil，100mil），单击【OK】按钮。X-Location 和 Y-Location 为焊盘的坐标。

采用上述方法将序号为 3、9、11、14、16、22、23 的焊盘坐标填入 Pad 对话框中的 X-Location 和 Y-Location。

确定焊盘序号和位置后，执行菜单命令 View→Toggle Units 或使用键盘快捷键【Q】，将单位切换成公制单位 mm。鼠标左键双击序号为 2 的焊盘，在弹出的 Pad 对话框中 Properties 标签下的 X-Size 和 Y-Size 填入 1mm。X-Size 和 Y-Size 为焊盘在 X 和 Y 轴上的径向尺寸，修改这两个值可以修改焊盘的大小。在 Hole Size 中填入 0.5mm。Hole Size 为焊盘开孔大小。Shape 为焊盘形状，默认形状是 Round（圆形），如果有需要，可以将形状改为 Rectangle（矩形）或 Octagonal（八角形）。本例焊盘为圆形，如图 10-8 所示。

图 10-7　焊盘序号设置和坐标设置

图 10-8　设置焊盘大小和开孔尺寸

如图 10-9 所示为绘制好的模块 WRF1205P-6W 的封装符号。

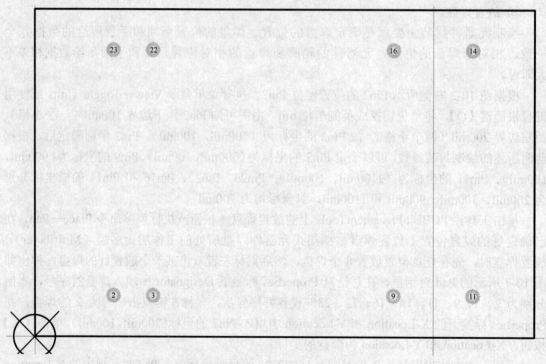

图 10-9　模块 WRF1205P-6W 的封装符号

2. 表贴式元器件——美国线艺公司 do3316h 贴片系列电感 do3316h 的绘制

（1）do3316h 封装参数。

这款电感为高频大功率电感，最大通过电流为 17A，常用在并联谐振电路中。该器件外观如图 10-10 所示。

图 10-10　do3316h 系列电感

do3316h 系列电感的手册中给出了具体的元器件封装参数，如图 10-11 所示。图中给出

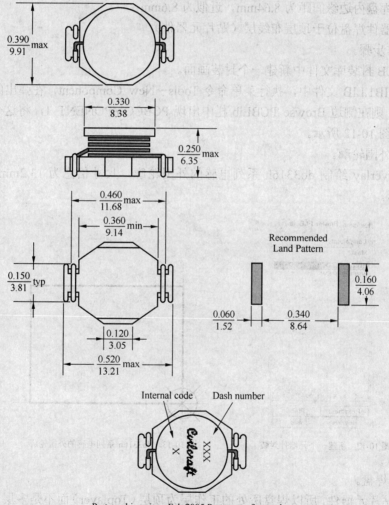

Recommended
Land Pattern

Internal code　　Dash number

Part marking since Feb.2005.Parts manufactured
prior to that date may have color dots.
Vist www. coilcraft.com/colrpowr.cfm for details.

Dimensions are in $\dfrac{\text{inches}}{\text{mm}}$

图 10-11　do3316h 系列电感的具体封装

了该元器件的具体外形尺寸，尺寸数值分别用英制单位 inch（图中横线上方数值）和公制单位 mm（图中横线下方数值）标示出来。从图 10-11 可以知道电感的长宽高，由于该元器件的外形是不规则形状，在绘制其外围轮廓的时候，取其横向和纵向的最大值绘制一个矩形，用这个矩形来标示该元器件的外围轮廓。从图 10-11 可知，横向取 13.21mm，纵向取 9.91mm。

图 10-11 中 Recommended Land Pattern 为焊盘尺寸信息。

本例需要用到的具体参数为：

① 轮廓尺寸近似为 13.2mm×9.9mm，形状为矩形；

② 焊盘大小为 1.52mm×4.06mm，一般绘制的焊盘可以比手册中给出的尺寸大一些，故焊盘大小可以近似为 1.6mm×5mm；

③ 两个焊盘内边缘间距为 8.64mm，近似为 8.6mm；

④ 该元器件焊盘位于顶层布线层（贴片元器件）。

（2）操作步骤。

① 在 PCB 封装库文件中新建一个封装画面。

在 PCBLIB1.LIB 文件中，执行菜单命令 Tools→New Component，在弹出的对话框中单击 OK 按钮，则在侧边 Browse PCBLib 栏中出现 PCBCOMPONENT_1，将这个名称修改为 do3316h，如图 10-12 所示。

② 绘制外围轮廓。

在 TopOverlay 绘制 do3316h 系列电感的外围轮廓，尺寸信息为 13.2mm×9.9mm，如图 10-13 所示。

图 10-12　新建一个元器件封装

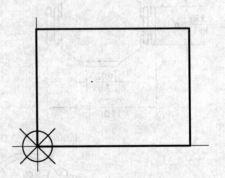

图 10-13　do3316h 系列电感的外围轮廓

③ 放置焊盘。

由于是贴片元器件，所以焊盘所处的工作层为顶层（Toplayer）而不是多层（Multilayer）。将工作层切换到顶层布线层，由于两个焊盘在元器件中是中心对称的，所以为在 TopOverlay 中定位焊盘，首先绘制出焊盘的定位辅助线。do3316h 系列电感的纵向长度为 9.9mm，取其中心位置为 4.95mm，近似为 5mm，do3316h 系列电感的横向长度为 13.2mm，取其中心位置为 6.6mm。在 X=6.6mm 处绘制一条垂直线，在 Y=5mm 处绘制一条水平线，如图 10-14

所示。

　　两个焊盘之间间距为 8.6mm，那么在距定位辅助线垂直线两侧 4.3mm 的位置上绘制另外两条定位辅助线，如图 10-15 所示。

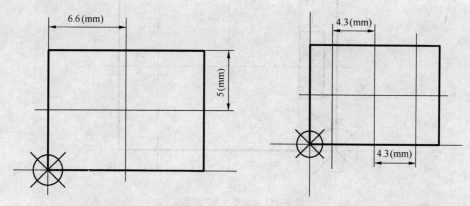

<table>
<tr><td>图 10-14　绘制中心线确定焊盘位置</td><td>图 10-15　绘制另外两条定位辅助线</td></tr>
</table>

　　根据图 10-11 描述的焊盘大小绘制焊盘，焊盘序号分别为 1 和 2。单击工具栏上的放置焊盘按钮 ◉ 或执行菜单命令 Place→Pad，在任意位置放置两个焊盘。双击放置好的焊盘，弹出焊盘设置对话框，将焊盘序号分别修改为 1 和 2；在 X-Size 和 Y-Size 中分别填写 1.52mm 和 4.06mm；在 Shape 中选择 Rectangle；在 Hole Size 中填写 0；在 Layer 中选择 Toplayer，如图 10-16 所示。单击【OK】按钮，绘制好两个顶层布线层的焊盘，如图 10-17 所示。

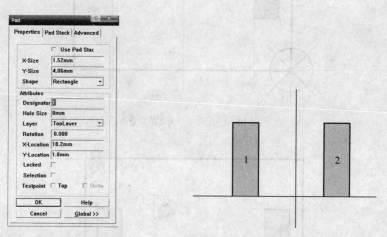

图 10-16　设置焊盘属性对话框　　　　图 10-17　绘制好的两个顶层布线层焊盘

　　用鼠标左键拖动 1 号焊盘，使十字光标的中心位于水平中心定位辅助线上，使焊盘的右侧边界与左侧定位辅助线重合，如图 10-18 所示。松开鼠标左键，即放置好一个焊盘。再用鼠标左键拖动 2 号焊盘，使十字光标的中心位于水平中心定位辅助线上，使焊盘的左侧边界与右侧定位辅助线重合，如图 10-19 所示。松开鼠标左键，即放置好另一个焊盘。删除定位辅助线，得到如图 10-20 所示的电感封装符号。

对于该焊盘，宽度为 8.6mm，顶层 X 方向偏移量 0.0mm，Y 方向偏移量 4.3mm，层为 TopLayer，其余保持默认，单击【OK】按钮。

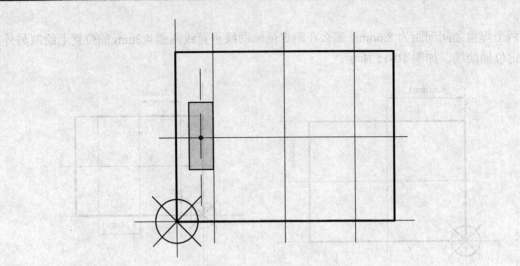

图 10-18　定位序号为 1 的焊盘

如图 10-18 所示，将焊盘放大后可看到其顶层偏移量为 1.0mm。用相同工作方式放置一个焊盘，其序号为 2，右击 Place→Pad，在 PH15SW75 对话框中，一盘焊盘如止所示设置好孔的宽度与高度，其余由...分别设为大小 X Size 和 Y Size 偏移量设为 1.52mm 和 4.0mm，将层设置为 Rectangle，孔 Hole Size 为 1.0，层 Layer 中选择 TopLayer，单击 10-19 Drill...，再单击【OK】按钮，此时的焊盘定位序号如图所示，如图 10-19 所示。

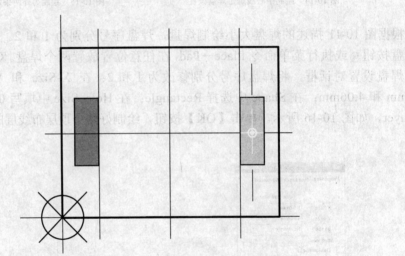

图 10-19　定位序号为 2 的焊盘

如图 10-19 所示，封装的 1、2 焊盘已经放好，之后将封装符号描述好，如图所示。放置序号及序号的位置，如图 10-18 所示。放置描述文字，即放置好一个焊盘，焊盘 1 与 2 放置。该部件的封装符号的主体放置在顶层上，将主体放置在顶层。如图 10-19 所示，为便于描述，将这个。个焊盘，测量自动描图。右键添加图 10-20 如所示。

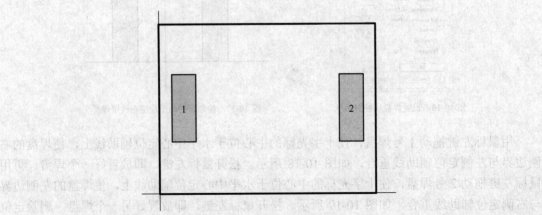

图 10-20　do3316h 系列电感的封装符号

10.1.2　利用向导绘制 PCB 元器件封装符号

前面一节用两个实例介绍了如何手动绘制元器件封装符号。对于封装符号相对简单的元器件，手工绘制比较方便，对于一些标准化的封装符号，可以采用软件自带的元器件封装符号生成向导来绘制。

图 10-21　89C2051 外观

1. 利用向导绘制 89C2051 的封装符号（DIP20）

如图 10-21 所示为 89C2051 的外观。如图 10-22 所示为 89C2051 的封装信息。

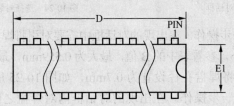

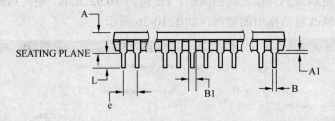

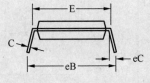

COMMON DIMENSIONS
(Unit of Measure=mm)

SYMBOL	MIN	NOM	MAX	NOTE
A	—	—	5.334	
A1	0.381	—		
D	24.892	—	26.924	Note 2
E	7.620	—	8.255	
E1	6.096	—	7.112	Note 2
B	0.356	—	0.559	
B1	1.270	—	1.551	
L	2.921	—	3.810	
C	0.203	—	0.356	
eB	—	—	10.922	
eC	0.000	—	1.524	
e		2.540TYP		

Notes: 1. This package conforms to JEDEC reference MS-001, Variation AD.
2. Dimensions D and E1 do not include mold Flash or Protrusion.
Mold Flash or Protrusion shall not exceed 0.25mm (0.010).

图 10-22　89C2051 封装信息

在 PCBLIB1.LIB 文件中，执行菜单命令 Tools→New Component，弹出 Component Wizard 对话框，如图 10-23 所示。

单击【Next】按钮，进行下一步操作。此时出现的对话框中需要选择元器件封装的种类，一共列举了 12 种元器件封装，按顺序依次为：BGA 封装、电容封装、二极管封装、DIP 封装、边缘连接器封装、LCC 封装、PGA 封装、QUAD 封装、电阻封装、SOP 封装、SBGA 封装和 SPGA 封装。本例选择 DIP 封装，将绘图单位改为公制的 mm，如图 10-24 所示。

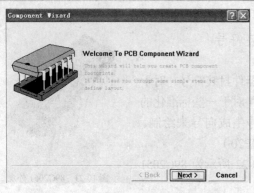

图 10-23　Component Wizard 对话框

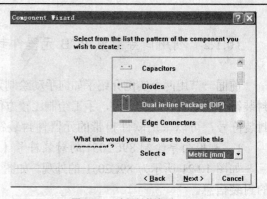

图 10-24　选择封装类型

单击【Next】按钮，进行下一步操作。在出现的对话框中需要对引脚焊盘进行设置。图 10-22 的表中给出了 89C2051 管脚的大小，参看表中的 B 值，最大为 0.559mm，最小为 0.356mm。根据 B 值将焊盘直径设置为 1.2mm，将焊盘孔径设置为 0.7mm，如图 10-25 所示。

单击【Next】按钮，进行下一步操作。在出现的对话框内对焊盘之间的间距进行设置。参看图 10-22，e 值为 2.54mm，是焊盘到焊盘之间的间距；eB 值为 10.922mm，是两列焊盘之间的间距。根据这两个数值，修改对话框中的数据，如图 10-26 所示。

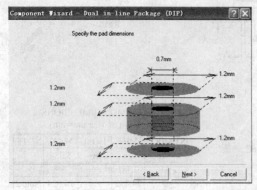

图 10-25　焊盘设置

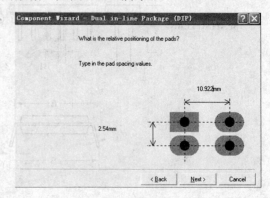

图 10-26　设置焊盘间距

单击【Next】按钮，进行下一步操作。在出现的对话框中需要对封装符号的轮廓线宽度进行设置。一般这个设置采取默认值即可，如图 10-27 所示。

单击【Next】按钮，进行下一步操作。在出现的对话框中需要对管脚的数量进行设置。89C2051 一共有管脚 20 个，所以在对话框中将管脚数量设置为 20，如图 10-28 所示。

单击【Next】按钮，进行下一步操作。在出现的对话框中需要给向导生成的封装符号起一个名称。向导会自动给封装符号提供一个名称，这个名称可以在这个对话框中进行修改。

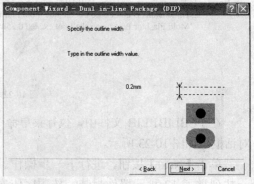

图 10-27　封装符号边线宽度设置

本例将 89C2051 的封装符号名称修改为 PDIP20，如图 10-29 所示。

单击【Next】按钮，进行下一步操作。单击【Finish】按钮完成向导操作。此时在侧边Browse PCBLib 栏中出现 PDIP20 的封装符号名称，如图 10-30 所示。向导生成的封装符号如图 10-31 所示。

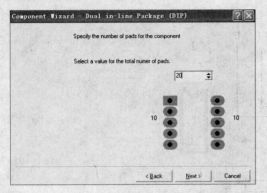

图 10-28　封装管脚设置对话框

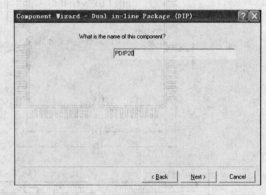

图 10-29　封装符号名称设置

2. 利用向导绘制元器件 ATmega128 的封装符号

如图 10-32 所示为 AT mega128 的外观。如图 10-33 所示为 ATmega128 的封装信息。

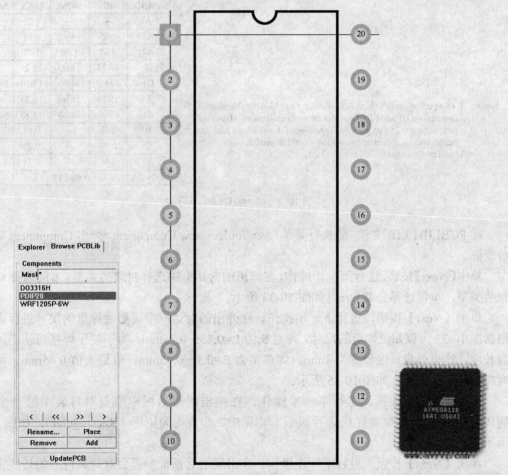

图 10-30　侧边栏显示 89C2051 的封装符号名称　　　图 10-31　89C2051 的封装符号　　　图 10-32　ATmega128 的外观

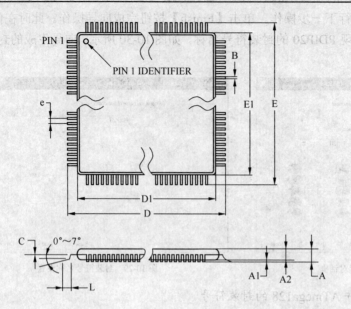

Notes: 1.This package conforms to JEDEC reference MS-026，Variation AEB.
          2.Dimensions D1 and E1 do not include mold protrusion. Allowable
          protrusion is 0.25 mm per side.Dimensions D1 and E1 are maximum
          plastic body size dimensions induding mold mismatch.
          3.Lead coplanarity is 0.10mm maximum.

COMMON DIMENSIONS
(Unit of Measure=mm)

SYMBOL	MIN	NOM	MAX	NOTE
A	—	—	1.20	
A1	0.05	—	0.15	
A2	0.95	1.00	1.05	
D	15.75	16.00	16.25	
D1	13.90	14.00	14.10	Note 2
E	15.75	16.00	16.25	
E1	13.90	14.00	14.10	Note 2
B	0.30	—	0.45	
C	0.09	—	0.20	
L	0.45	—	0.75	
e	0.80 TYP			

图 10-33　ATmega128 的封装信息

在 PCBLIB1.LIB 文件中，执行菜单命令 Tools→New Component，弹出 Component Wizard 对话框。

单击【Next】按钮，进行下一步操作。在弹出的对话框中选择封装的类型，本例选择 QUAD 封装类型，单位选择公制 mm，如图 10-34 所示。

单击【Next】按钮，进行下一步操作。在弹出的对话框中需要对焊盘的尺寸进行设置。根据图 10-33 可以知道焊盘的尺寸。焊盘长为 L=0.45～0.75mm，为了便于焊接可适当加长焊盘长度，这里焊盘长度设置为 1mm。焊盘宽为 B=0.3～0.45mm，取最大值 0.45mm。将数据对应填入对话框中，如图 10-35 所示。

单击【Next】按钮，进行下一步操作。在弹出的对话框中需要对封装中第一个管脚的焊盘样式和其他焊盘样式进行设置。本例中，焊盘均为矩形（Rectangular），如图 10-36 所示。

单击【Next】按钮，进行下一步操作。在出现的对话框中需要对封装符号的边线宽度进行设置。一般这个设置采取默认值即可，如图 10-37 所示。

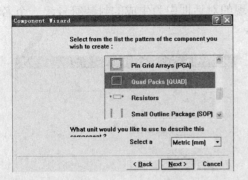

图 10-34 选择封装类型

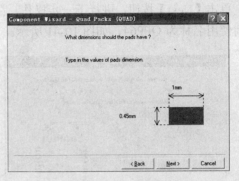

图 10-35 设置焊盘尺寸

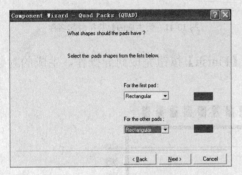

图 10-36 焊盘样式设置

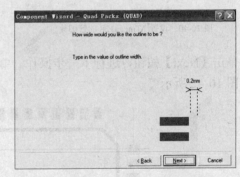

图 10-37 封装符号轮廓线宽度设置

单击【Next】按钮，进行下一步操作。在出现的对话框中需要对两个数值进行设置，其中一个数值是焊盘之间的间距；另一个数值是横向焊盘中心和纵向焊盘中心之间的距离，前者在图 10-33 已经给出，为 e=0.8mm，后者需要粗略估算，近似为 2mm（E-E1）。将数值对应填入对话框中，如图 10-38 所示。

单击【Next】按钮，进行下一步操作。在出现的对话框中需要设置 ATmega128 第一个管脚的位置。根据图 10-33 设置元器件第一个管脚的位置，如图 10-39 所示。

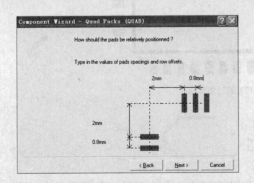

图 10-38 设置管脚间距和横向纵向管脚中心距离

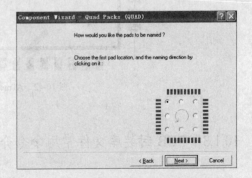

图 10-39 设置 ATmega128 第一个管脚的位置

单击【Next】按钮，进行下一步操作。在出现的对话框中设置 ATmega128 管脚的数目。ATmega128 共有管脚 64 个，每一个边有管脚 16 个，将数值 16 填写到对话框中，如图 10-40 所示。

单击【Next】按钮，进行下一步操作。在出现的对话框中为生成的封装符号起一个名称，本例使用名称为 QFP64，如图 10-41 所示。

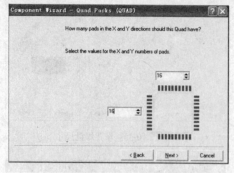

图 10-40　设置 ATmega128 的管脚数目

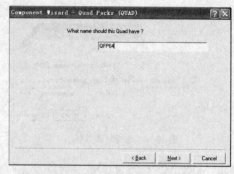

图 10-41　为生成的封装符号起名称

单击【Next】按钮，进行下一步操作。单击【Finish】按钮完成向导操作。生成的封装符号如图 10-42 所示。

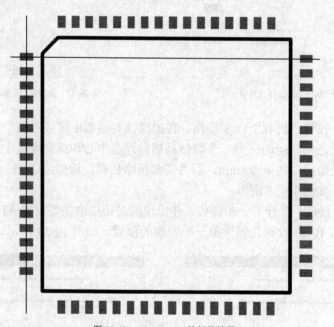

图 10-42　ATmega128 的封装符号

10.1.3　PCB 封装库文件常用命令介绍

（1）Tools→New Component 命令，该命令功能为新建一个元器件封装符号绘制画面。

（2）Tools→Remove Component 命令，该命令功能为删除一个已建立的元器件封装符号。

（3）Tools→Rename Component 命令，该命令功能为重新命名一个已建立的元器件封装符号。

（4）Tools→Next Component 命令，该命令功能是切换到当前封装符号的下一个封装符号。

（5）Tools→Prev Component 命令，该命令功能是切换到当前封装符号的上一个封装符号。

（6）Tools→First Component 命令，该命令功能是切换到第一个封装符号。

（7）Tools→Last Component 命令，该命令功能是切换到最后一个封装符号。

（8）Tools→Library Options 命令，该命令调出 Document Options 对话框，在对话框中有两个标签，分别是 Layers 和 Options。在 Layers 标签下可以打开或关闭工作层；在 Options 标签下可以设置光标最小捕获距离和元器件最小分辨尺寸等信息。图 10-43 所示为 Layer 标签的具体内容，Options 标签的内容见图 10-5。

（9）几个按钮的说明。如图 10-44 所示的几个按钮，其功能分别为：【Rename】按钮对应 Tools→Rename Component 命令；【Remove】按钮对应 Tools→Remove Component 命令；【Place】按钮是将已绘制好的封装符号放置到 PCB 文件中去；【Add】按钮对应 Tools→New Component 命令；【UpdatePCB】按钮是更新 PCB 文件中的封装符号。采用导入网络表的方式在 PCB 中放置元器件封装符号时，如果需要对个别元器件的封装符号进行修改，修改后不需要重新导入网络表，只需要单击【UpdatePCB】按钮即可将修改后的封装符号更新到 PCB 文件中去。

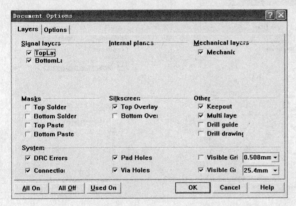

图 10-43 Document Options 中的 Layer 标签

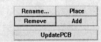

图 10-44 功能按钮

10.2 使用自己绘制的元器件封装符号

10.2.1 在同一设计数据库中使用

绘制好元器件的封装符号后，可以在 PCB 文件中使用。

1. 直接使用元器件封装符号

在 Protel 99 SE 设计数据库中打开元器件封装库（PCBLIB1.LIB）文件，再打开一个 PCB 文件。在打开的元器件封装库文件中选择需要使用的元器件封装符号，单击【Place】按钮，就可以将元器件的封装符号放置在 PCB 文件中了。

2. 在同一设计数据库中间接使用元器件封装符号

将建好的元器件封装库作为已存在的库文件，在 PCB 文件中将这个库文件加入到 PCB 封装库中使用。例如，现在已有设计数据库 MyPCB.ddb，位于计算机的 C 盘根目录下。在设计数据库中已有空白的 PCB 文件 PCB1.PCB 和包括元器件封装符号 DO3316H、PDIP20 和 QFP64 的元器件封装库文件 PCBLIB1.LIB。操作过程如下。

① 打开 PCB 文件 PCB1.PCB，执行菜单命令 Design→Add/Remove Library 或单击主工具栏上的按钮　弹出 PCB Library 对话框。

② 在查找范围中定位计算机的 C 盘根目录，选择 MyPCB.ddb，单击【Add】按钮。在 Selected Files 区域中出现了 C:\MyPCB.ddb\PCB1.LIB，单击【OK】按钮确认，如图 10-45 所示。

③ 此时在 PCB 文件中的侧边栏 Browse PCB 标签栏中，Browse 区域中的 Library 选项下出现 PCBLIB1.LIB，在 Components 区域中出现 PCBLIB1.LIB 中包含的三个元器件封装符号名称，在下面的区域就是对应元器件封装符号的预览图，如图 10-46 所示。选择需要放置的 PCB 封装符号，鼠标左键单击【Place】按钮即可在 PCB1.PCB 中放置该选中的元器件封装符号。

图 10-45　向设计数据库添加元器件封装库　　　　图 10-46　Browse PCB 标签

也可以在原理图中将相应元器件的封装符号名称填入元器件符号的 Footprint 属性中，再生成网络表。将生成的网络表导入到 PCB 文件，也可应用该元器件的封装符号。

10.2.2　在不同设计数据库中使用

元器件封装库可以在不同的设计数据库中使用。

有两种方法在不同的设计数据库中使用元器件封装库。

（1）将建好的元器件封装库作为已存在的库文件，将这个库文件加载到 PCB 文件中使用。这种方法与 10.2.1 小节所述的间接使用元器件封装库完全相同，在此就不再赘述。

（2）将 PCBLIB1.LIB 从一个设计数据库中导出，然后再将其导入到另一个设计数据库中，之后应用方法如 10.2.1 小节所述。导入导出过程如下。

① 在设计数据库中用鼠标右键单击文件 PCBLIB1.LIB，在弹出的快捷菜单中，选择命令 Export 或选中文件 PCBLIB1.LIB，执行菜单命令 File→Export，弹出 Export Document 对话框，选择要导出的路径，本例导出路径为 C 盘根目录，单击【保存】按钮，如图 10-47 所示。

此时在 C 盘根目录下就有文件 PCBLIB1.LIB，如图 10-48 所示。

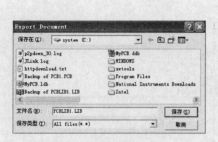

图 10-47　导出操作

图 10-48　PCBLIB1.LIB 导出到 C 盘根目录

② 在另外一个设计数据库 MyPCB1.ddb 中，单击鼠标右键，在弹出的快捷菜单中执行命令 Import 或执行菜单命令 File→Import，弹出 Import File 对话框，找到 C 盘根目录下的文件 PCBLIB1.LIB，单击【打开】按钮，如图 10-49 所示。此时在设计数据库 MyPCB1.ddb 中就出现了文件 PCBLIB1.LIB，如图 10-50 所示。导入元器件封装库后，就可以按照在同一设计数据库中使用元器件封装库的方法使用封装符号了。

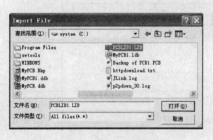

图 10-49　导入文件操作

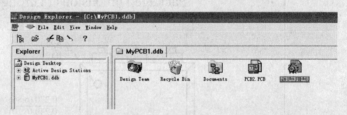

图 10-50　导入文件 PCBLIB1.LIB 后的设计数据库 MyPCB1.ddb

本 章 小 结

本章主要介绍了如何根据元器件手册绘制元器件的 PCB 封装符号及如何使用绘制好的封装符号。元器件的 PCB 封装符号绘制没有通行的方法，各种元器件都有不同的要求，读者在绘制 PCB 封装符号时一定要严格遵从元器件的手册。

练 习 题

1. 手工绘制如图 10-51 所示的元器件封装，该元器件为贴片型封装，单位为 inches（mm）。
2. 利用向导绘制如图 10-51 所示的元器件封装。
3. 手工绘制如图 10-52 所示的元器件封装，该元器件为插接型封装，单位为 inches（mm）。

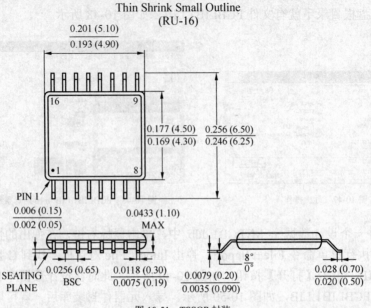

图 10-51 TSSOP 封装

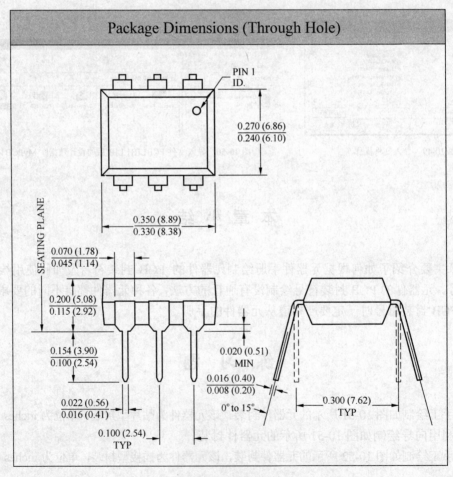

图 10-52 DIP 封装图

第 11 章 实际 PCB 设计举例

本章通过两个实际的 PCB 设计案例，综合回顾第 1 章到第 10 章的知识。

11.1 实际单面板设计举例

本例为一个有源分频器，设计数据库文件为有源分频器.ddb，具体电路原理图如图 11-1 所示。

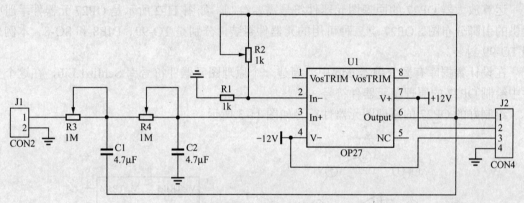

图 11-1 有源分频器

要求设计为单面板。电路板尺寸 2100mil×1300mil，板上有四个定位孔，安装定位孔的位置坐标为（80mil，80mil）、（2020mil，80mil）、（2020mil，1220mil）和（80mil，1220mil），安装定位孔的直径为 100mil。插座 J1 要放置在电路板的最左侧，插座 J2 要放置在电路板的最右侧。走线的安全间距为 10mil。

本例由于电路板面积相对充裕，故要求整板最小线宽为 20mil，其中 GND 网络线宽为 40mil，+12V 网络和−12V 网络线宽为 40mil。

本例所用元器件属性列表如表 11-1 所示。

表 11-1   图 11-1 电路元器件属性列表

LibRef （元器件名称）	Designator （元器件标号）	Comment （元器件标注）	Footprint （元器件封装）
CON2	J1		SIP2
POT2	R3、R4	1M	VR5
POT2	R2	1k	VR5
CAP	C1、C2	4.7μF	RAD0.2

LibRef （元器件名称）	Designator （元器件标号）	Comment （元器件标注）	Footprint （元器件封装）
RES2	R1	1k	AXIAL0.4
OP27	U1	OP27	TO-99
CON4	J2		SIP4

其中 OP27 元器件符号和封装需用户自行绘制

其余元器件符号在 Miscellaneous Devices.ddb

11.1.1 绘制原理图元器件符号

本例电路原理图元器件符号除 OP27 外，其余均可在 Miscellaneous Devices.lib 元器件库中找到。

运算放大器 OP27 的原理图元器件符号需要绘制。如图 11-2 所示是 OP27 元器件手册中提供的引脚分布图。OP27 有三种可用的元器件封装，分别是 TO-99、DIP8 和 SO-8。本例采用 TO-99 封装。

在设计数据库有源分频器.ddb 中，新建一个原理图元器件符号库 Schlib1.Lib，在这个文件中绘制 OP27 的原理图元器件符号。

绘制好的 OP27 的原理图元器件符号如图 11-3 所示。

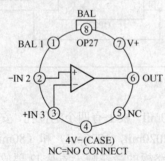

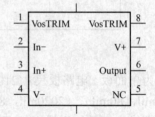

图 11-2 OP27 的原理图元器件符号 　　　图 11-3 绘制好的 OP27 原理图元器件符号

11.1.2 绘制元器件封装符号

在实际电路设计中，所有用到的元器件，其封装都要根据 PCB 的设计要求来选择。目前，元器件封装具体分两个大类。一类是插接封装形式，另一类是贴片封装形式。由于贴片封装形式可以将元器件的体积做的非常小，所以目前多用贴片型元器件封装。插接封装形式的器件体积一般相对较大，适合封装大功率器件，也在电路设计中广泛使用。

一旦选定元器件的封装形式（贴片或插接），主要靠阅读元器件手册来确定元器件的封装参数。几乎每个元器件手册中都会给出其外观参数或制作 PCB 封装的参数。外观参数一般包括元器件的长宽高（或厚度）、引脚间距、每个引脚的直径和管脚数量等。一些大功率元器件还会给出散热片外观设计的最低要求。这些参数基本都以两种单位度量给出，一种是公制的 mm，另一种是英制的 inch 或 mil。根据这些参数就可以手工或利用向导工具绘制元器件的封装符号。

如果元器件手册没有给出具体的封装参数或者找不到相应器件的手册，那么只有根据实际器件的外观信息来确定其封装符号参数。一般是利用游标卡尺对元器件进行测量，根据得到的测量数据绘制其封装符号。在绘制过程中需要注意的是，一定要留出设计余量，因为手工测量元器件外观所得数据是存在一定误差的。一般采用的方法是，在打印机上打印出 1:1 的封装符号图，然后将实际的元器件和打印出的图纸进行比较，若有不符，则需要对封装符号进行调整，直到两者完全一致。

本例中，OP27 采用 TO-99 直插型封装。OP27 手册上的 TO-99 封装图如图 11-4 所示。TO-99 封装为圆形，OP27 的 8 个管脚均匀的分布在圆形封装上。8 个管脚所在的圆直径为 5.08mm（200mil）；OP27 管帽的直径为 9.4mm；在 OP27 的第 8 管脚处有一个突起，标识了第 8 管脚的位置。

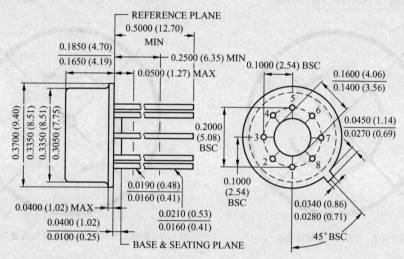

REFERENCE PLANE
0.5000 (12.70)
MIN
0.1850 (4.70)
0.1650 (4.19)
0.2500 (6.35) MIN
0.0500 (1.27) MAX
0.1000 (2.54) BSC
0.1600 (4.06)
0.1400 (3.56)
0.3700 (9.40)
0.3350 (8.51)
0.3350 (8.51)
0.3050 (7.75)
0.2000
(5.08)
BSC
0.0450 (1.14)
0.0270 (0.69)
1
2
3
4
5
6
7
8
0.1000
(2.54)
BSC
0.0190 (0.48)
0.0160 (0.41)
0.0400 (1.02) MAX
0.0340 (0.86)
0.0280 (0.71)
0.0210 (0.53)
0.0160 (0.41)
0.0400 (1.02)
0.0100 (0.25)
45° BSC
BASE & SEATING PLANE
COMPLIANT TO JEDEC STANDARDS MO-002AK
CONTROLLING DIMENSIONS ARE IN INCHES;MILLIMETERS DIMENSIONS
(IN PARENTHESES) ARE ROUNDED-OFF EQUIVALENTS FOR
REFERENCE ONLY AND ARE NOT APPROPRIATE FOR USE IN DESIGN

图 11-4　OP27 的封装信息

在设计数据库有源分频器.ddb 中，新建一个元器件封装库 PCBLIB1.LIB，在这个文件中绘制 OP27 的封装符号。绘制过程如下：

① 以原点为圆心绘制一个直径为 200mil 的圆，如图 11-5 所示，图中心为原点。所有焊盘全部分布在这个圆上。

② 以原点为圆心绘制一个直径为 9.4mm 的圆，如图 11-6 所示，这个圆为 OP27 的管帽轮廓。

③ 放置焊盘，焊盘序号为 1、3、5 和 7。焊盘位置如图 11-7 所示。焊盘的孔径和直径采用默认值即可。

④ 绘制两条焊盘定位辅助线，辅助线为通过原点的 45 度线，如图 11-8 所示。

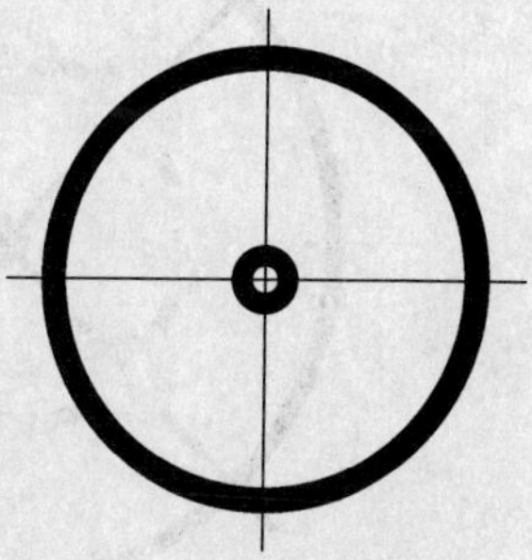

图 11-5　绘制放置焊盘的圆

⑤ 在辅助线与直径为 200mil 圆的交点上放置序号为 2、4、6 和 8 的焊盘，如图 11-9 所示。

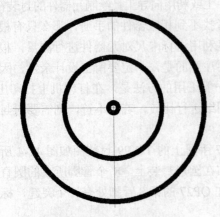

图 11-6　绘制 OP27 的管帽轮廓

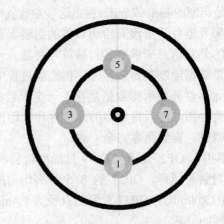

图 11-7　放置焊盘 1、3、5 和 7

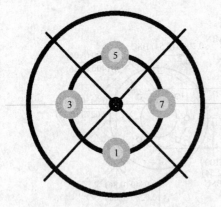

图 11-8　绘制焊盘定位辅助线

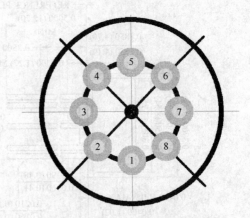

图 11-9　在辅助线和直径为 200mil 圆的交点上放置焊盘

⑥ 在 8 号焊盘所在的辅助线与直径为 9.4mm 的圆相交的交点上绘制一个焊盘定位标记，如图 11-10 所示。

⑦ 删除定位辅助线，得到 OP27 的 TO-99 型封装符号，如图 11-11 所示。

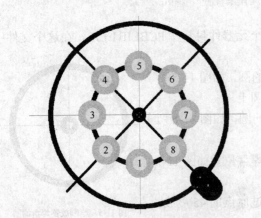

图 11-10　绘制焊盘定位标记

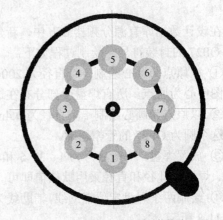

图 11-11　OP27 的 TO-99 型封装符号

11.1.3　绘制原理图与创建网络表文件

在设计数据库有源分频器.ddb 中，新建一个原理图文件 Sheet1.Sch。加载元器件库 Miscellaneous Devices.lib，如图 11-12 所示。

按照图 11-1 绘制电路原理图。在绘制过程中双击每一个元器件，在弹出的 Part 对话框中的 Attribute 标签下按表 11-1 输入元器件符号的每个属性。例如 J1，如图 11-13 所示是 J1 的属性设置。

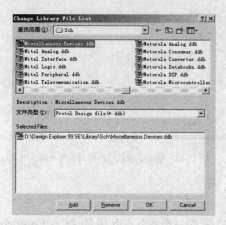

图 11-12　加载 Miscellaneous Devices.lib 库

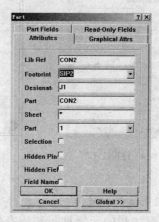

图 11-13　设置 J1 的封装

所有元器件符号的属性设置完毕，执行菜单命令 Design→Create Netlist，弹出 Netlist Creation 对话框，直接单击【OK】按钮生成网络表。生成的网络表文件名为 Sheet1.NET。

11.1.4　绘制单面印制电路板图

本例为单面印制板，故所需要的工作层有顶层丝印层 TopOverlay、底层 Bottom Layer、机械层 Mechanical Layer、多层 Multi Layer 和禁止布线层 Keep Out Layer。这里顶层只放置元器件而不要布线。

1. 规划电路板

（1）绘制物理边界。

在机械层 1 层绘制 PCB 的物理边界。本例电路板实际大小为 2100mil×1300mil。

（2）绘制安装孔。

在 PCB 文件中单击 PCBLibPlacementTools 工具栏中的放置过孔图标 ，按【Tab】键在弹出的 Via 属性对话框中按图 11-14 所示设置过孔外径 Diameter、过孔孔径 Hole Size、过孔开始工作层 Start Layer 和终止工作层 End Layer 属性。

过孔的圆心坐标 X-Location、Y-Location 要严格按照安装孔的位置要求，以及当前原点的位置进行设置。本例中四个安装孔的坐标为（80mil，80mil）、（2020mil，80mil）、（2020mil，

1220mil）和（80mil，1220mil）。

绘制完成的电路板边界与安装孔如图 11-15 所示，图中外层边界是物理边界，内层边界是电气边界。

图 11-14　过孔设置

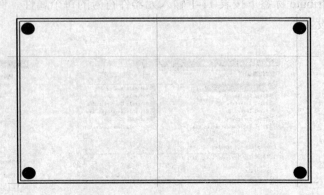

图 11-15　绘制完成的电路板边界与安装孔

2. 加载元器件封装库

本例需要加载的元器件封装库有软件自带的 Advpcb.ddb 中的 PCB Footprints.lib 库和有源分频器.ddb 中自己建的 PCBLIB1.LIB 库。单击主工具栏中的加载元器件封装库图标 进行加载。

3. 装入网络表

在 PCB 文件中执行菜单命令 Design→Load Nets，将根据原理图产生的网络表文件装入到 PCB 文件中，如图 11-16 所示是装入网络表后的情况。

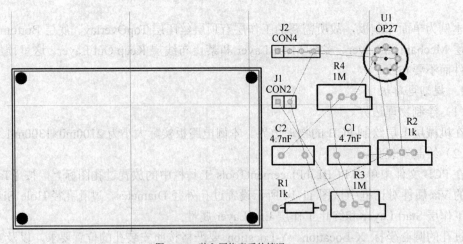

图 11-16　装入网络表后的情况

4. 元器件布局

在实际 PCB 设计中，一般在 PCB 板上不出现元器件标注，因此需对图 11-16 中的元器件标注做一下处理。处理的方法有两种，隐藏或删除标注。下面以删除标注为例介绍操作步骤。

（1）删除元器件上的 Comment 域。

鼠标左键双击任意一个元器件，弹出 Component 对话框，在对话框中选择 Comment 标签，在该界面下删除该元器件标注，而后单击【Global】按钮，删除 Copy Attributes 区域中的{}，单击【OK】按钮，如图 11-17 所示。

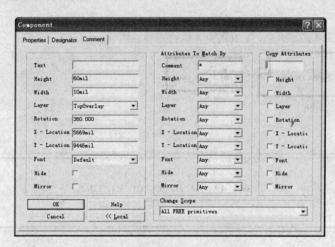

图 11-17　删除元器件的 Comment 域

在弹出的对话框中单击【Yes】按钮，执行删除操作。操作执行后，PCB 变为如图 11-18 所示。

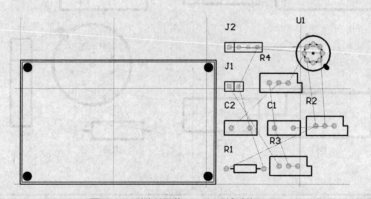

图 11-18　删除元器件 Comment 域后的 PCB

（2）根据电路原理图从输入到输出方向依次摆放元器件。

根据电路原理图从输入到输出方向，元器件依次是 J1、R3、C1、R4、C2、R1、R2、U1 和 J2。首先摆放 J1、R3、C1、R4、C2，如图 11-19 所示。然后继续摆放 R1、R2、U1 和 J2。摆放时注意整齐与美观，如图 11-20 所示。

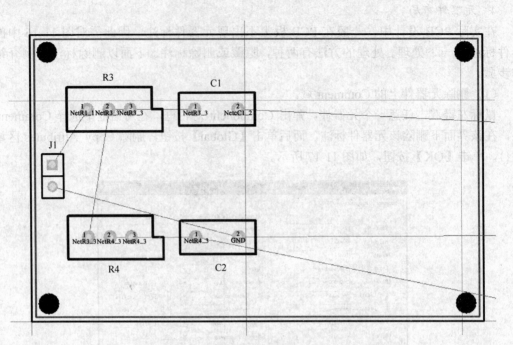

图 11-19　摆放 J1、R3、C1、R4、C2

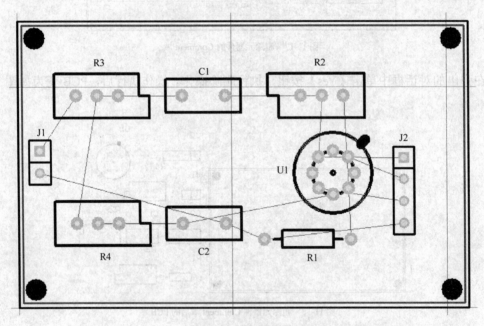

图 11-20　整体布局完毕

5. 布线

在布线前，需要对布线规则进行设置。执行菜单命令 Design→Rules，弹出 Design Rules 对话框。在 Rules Classes 区域中，设置最后一项——线宽，其他项均采用默认设置。本例 GND

线需要设置为 40mil，+12V 和−12V 走线设置为 30mil，其他走线设置为 20mil，如图 11-21 所示。

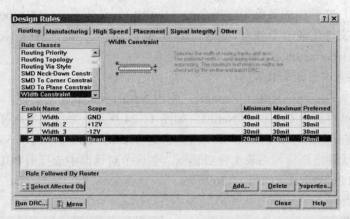

图 11-21　设置线宽

本例由于相对简单，故采用手工布线，如图 11-22 所示。

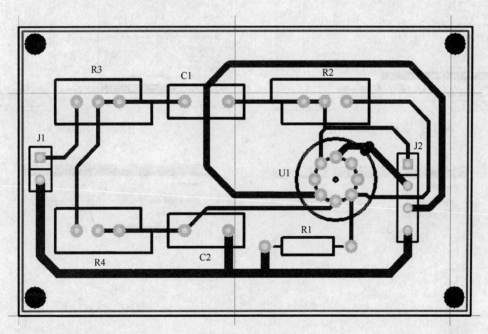

图 11-22　手工布线后的 PCB

11.1.5　原理图与 PCB 图的一致性检查

根据 PCB 文件再产生一个网络表文件，而后对根据原理图文件和 PCB 文件产生的两个网络表进行比较，这样可以降低出错的概率。

1. 根据电路板图产生网络表文件

在 PCB 文件中执行菜单命令 Design→Netlist Manager，弹出 Netlist Manager 对话框。单击【Menu】按钮，在弹出的菜单中选择 Create Netlist From Connected Copper，如图 11-23 所示。则根据 PCB 文件生成一个名为 Generated+PCB 主文件名（如 PCB1）.Net 的网络表文件，如图 11-25 中的 GeneratedPCB1.Net。

2. 两个网络表文件进行比较

执行菜单命令 Design→Netlist Manager，弹出 Netlist Manager 对话框。单击【Menu】按钮，在弹出的菜单中选择 Compare Netlist，如图 11-24 所示。系统弹出选择网络表文件对话框，在对话框中选择由原理图生成的网络表，本例为 Sheet1.NET，如图 11-25 所示。单击【OK】按钮确认后，继续弹出选择网络表文件对话框，在这个对话框中选择由 PCB 生成的网络表，本例为 Generated PCB1.Net，如图 11-26 所示。

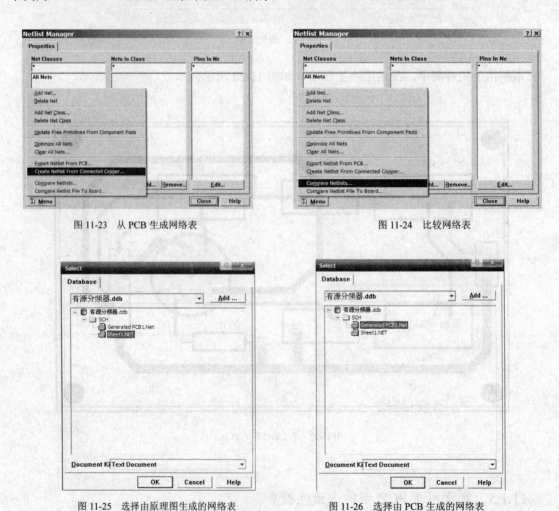

图 11-23　从 PCB 生成网络表　　　　　图 11-24　比较网络表

图 11-25　选择由原理图生成的网络表　　　　图 11-26　选择由 PCB 生成的网络表

单击【OK】按钮确认后，生成一个名为 PCB1.Rep 的比较报告。

Warning: Comment of U1 has been changed from　to OP27

Warning: Comment of R4 has been changed from　to 1M

Warning: Comment of R3 has been changed from　to 1M

Warning: Comment of R2 has been changed from　to 1K

Warning: Comment of R1 has been changed from　to 1K

Warning: Comment of J2 has been changed from　to CON4

Warning: Comment of J1 has been changed from　to CON2

Warning: Comment of C2 has been changed from　to 4.7nF

Warning: Comment of C1 has been changed from　to 4.7nF

Total components with Footprints changed　　　　= 0//所有元器件封装无改动

Total components with Comments changed　　　　= 9//有 9 个元器件 Comment 被修改了

Total extra components　　　　　　　　　　　= 0//额外的元器件数目

Total missing components　　　　　　　　　　= 0//丢失的元器件数目

Total nets with names changed　　　　　　　　= 0//网络名称无改变

Total nets with missing/extra pins　　　　　　= 0//丢失或额外的管脚数目

Total extra nets in Sheet1　　　　　　　　　　= 0//Sheet1 中额外的网络数目

Total extra nets in Generated PCB1　　　　　　= 0// Generated PCB1 中额外的网络数目

Total nets in Sheet1　　　　　　　　　　　　= 8// Sheet1 中总的网络数目

Total nets in Generated PCB1　　　　　　　　= 8// Generated PCB1 中总的网络数目

Total components in Sheet1　　　　　　　　　= 9// Sheet1 中总的元器件数目

Total components in Generated PCB1　　　　　= 9// Generated PCB1 中总的元器件数目

比较结果中有九个警告（Warning），这九个警告是说明在 PCB 中将元器件的 Comment 域删除了，并不说明 PCB 板与原理图的电气网络不一致。虚线下方第二行的文字也说明了上述问题。除了上述警告外，从比较数据来看 PCB 与原理图完全一致。

11.2　实际双面板设计举例

本例是一个音频编解码电路，主要由一个音频编解码芯片和一个运算放大器组成。具体电路原理图如图 11-27 所示。本例的设计数据库文件为 CODEC.ddb。

本例是一块双面板，电路板尺寸为 2100mil×1100mil。电路板上的四个定位孔坐标为（100mil，100mil）、（2000mil，100mil）、（2000mil，1000mil）和（100mil，1000mil）。定位孔直径为 100mil。本例中+3.3V 网络走线宽度为 30mil，GND 网络走线宽度为 30mil，其他网络走线宽度为 10mil。插座 J1 放置在电路板的最左侧，插座 J3 放置在电路板的最右侧。走线的安全间距为 10mil。由于本例是双面板，电路板上有过孔，过孔的尺寸直径为 1mm，孔径为 0.6mm。

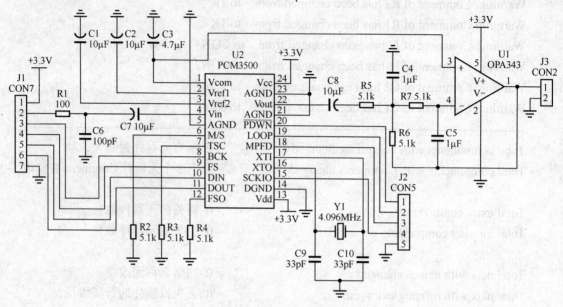

图 11-27 音频编解码电路原理图

本例所用元器件属性详见表 11-2 所示。

表 11-2　　　　　　　　　　**图 11-27 电路元器件属性列表**

LibRef （元器件名称）	Designator （元器件标号）	Comment （元器件标注）	Footprint （元器件封装）
CAP	C4、C5	1μF	0805
CAP	C9、C10	33pF	0805
CAP	C6	100pF	0805
CAPACITOR	C1、C2、C7、C8	10μF	3528
CAPACITOR	C3	4.7μF	3528
RES2	R1	100	0805
RES2	R2、R3、R4、R5、R6、R7	5.1k	0805
CRYSTAL	Y1	4.096MHz	RAD0.2
CON7	J1		SIP7
CON5	J2		SIP5
CON2	J3		SIP2
PCM3500	U2		SSOP24
OPA343	U1		SO8

其中 PCM3500 和 OPA343 元器件符号需用户自行绘制

其余元器件符号在 Miscellaneous Devices.ddb

11.2.1　绘制原理图元器件符号

本例中音频编解码芯片采用的是 BURR-BROWN 公司的 PCM3500，运算放大器为 BURR-BROWN 公司的 OPA343。这两个元器件需要绘制原理图元器件符号。

PCM3500 手册上给出了该器件的管脚排布信息，如图 11-28 所示。OPA343 的手册上给出了该器件的管脚排布信息，如图 11-29 所示。

图 11-28　PCM3500 管脚排布信息

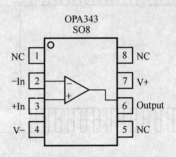

图 11-29　OPA343 的管脚排布信息

在 CODEC.ddb 中新建一个 Schlib1.Lib 库文件，在 Schlib1.Lib 中绘制 PCM3500 和 OPA343 的原理图元器件符号。

PCM3500 和 OPA343 的原理图元器件符号如图 11-30 和图 11-31 所示。

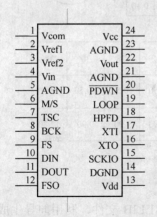

图 11-30　PCM3500 的原理图元器件符号

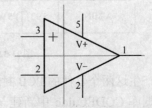

图 11-31　OPA343 的原理图元器件符号

11.2.2　绘制元器件封装符号

本例中 PCM3500 和 OPA343 的封装需要进行绘制，这两个元器件封装都可以用向导来产生。PCM3500 为语音数字化芯片，封装形式为贴片封装，管脚为 24 个；OPA343 为单运放器件，封装形式为贴片形式，管脚为 8 个。这两个芯片的封装形式在贴片集成芯片中非常常见。

PCM3500 和 OPA343 的封装信息如图 11-32 和图 11-33 所示。图 11-32 给出的封装信息中的元器件有 28 个管脚，而 PCM3500 有 24 个管脚。PCM3500 的具体尺寸与图 11-32 给出的相同，只是管脚数量不同。

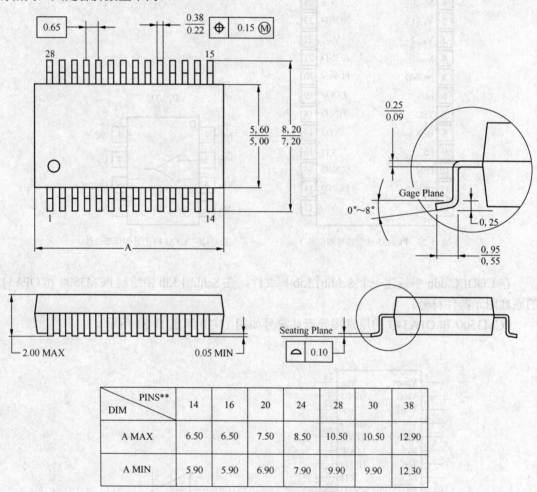

DIM ＼ PINS**	14	16	20	24	28	30	38
A MAX	6.50	6.50	7.50	8.50	10.50	10.50	12.90
A MIN	5.90	5.90	6.90	7.90	9.90	9.90	12.30

图 11-32　PCM3500 的封装信息

利用向导产生这两个器件的 PCB 封装符号。

在设计数据库 CODEC.ddb 中新建一个 PCBLIB1.LIB 文件，利用向导生成 PCM3500 和 OPA343 的 PCB 封装符号。如图 11-34 到图 11-38 所示为 PCM3500 向导生成的过程。如图 11-39 到图 11-43 所示为 OPA343 向导生成的过程。PCM3500 的 PCB 封装符号如图 11-44 所示。OPA343 的 PCB 封装符号如图 11-45 所示。

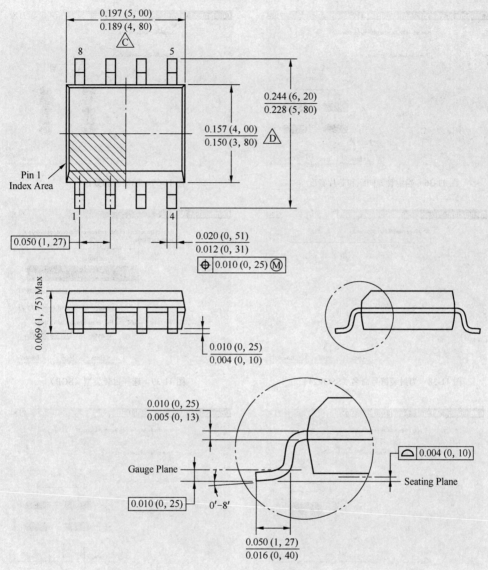

图 11-33　OPA343 的封装信息

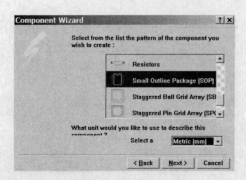

图 11-34　选择封装类型（SOP）

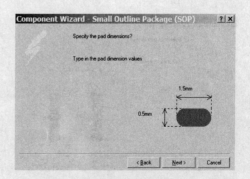

图 11-35　确定管脚尺寸

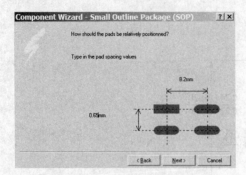

图 11-36　确定管脚间距和芯片宽度

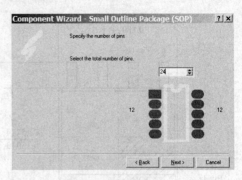

图 11-37　确定管脚数目

图 11-38　为封装符号命名（SSOP24）

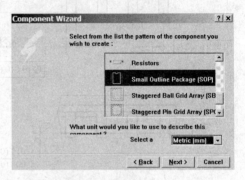

图 11-39　选择封装类型（SOP）

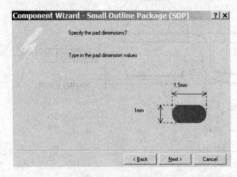

图 11-40　确定管脚尺寸

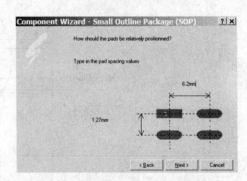

图 11-41　确定管脚间距和器件宽度

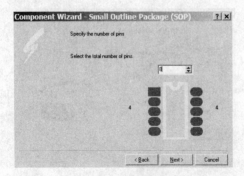

图 11-42　确定管脚数目

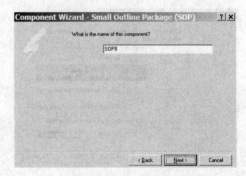

图 11-43　为封装符号命名（SOP8）

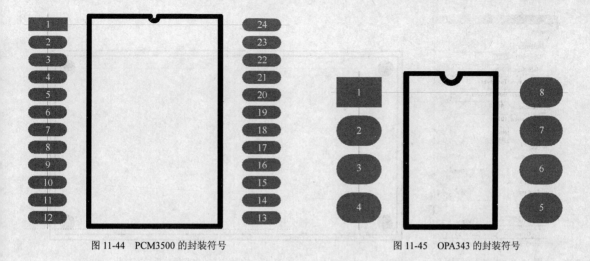

图 11-44　PCM3500 的封装符号　　　　　　图 11-45　OPA343 的封装符号

11.2.3　绘制原理图与创建网络表文件

在设计数据库 CODEC.ddb 中，新建一个原理图文件 Sheet1.Sch。加载元器件库 Miscellaneous Devices.lib。

按照如图 11-27 所示绘制电路原理图。

双击每一个元器件，在弹出的 Part 对话框中的 Attribute 标签下按表 11-2 输入所有元器件属性。设置完毕后，执行菜单命令 Design→Create Netlist，弹出 Netlist Creation 对话框，直接单击【OK】按钮生成网络表。生成的网络表文件名为 Sheet1.NET。

11.2.4　绘制双面印制电路板图

本例为双面印制板，故所需要的工作层有顶层丝印层 TopOverlay、顶层 Top Layer、底层 Bottom Layer、机械层 Mechanical Layer、多层 Multi Layer 和禁止布线层 Keep Out Layer。

1. 规划电路板

（1）绘制物理边界。

在机械层 1 绘制 PCB 的物理边界。本例电路板实际大小为 2100mil×1100mil。

（2）绘制安装孔。

在 PCB 文件中单击 PCBLibPlacementTools 工具栏中的放置过孔图标 ，按【Tab】键在弹出的 Via 属性对话框中按图 11-46 所示设置过孔外径 Diameter、过孔孔径 Hole Size、过孔开始工作层 Start Layer 和终止工作层 End Layer 属性。

过孔的圆心坐标 X-Location、Y-Location 要严格按照安装孔的位置要求，以及当前原点的位置进行设置。本例中四个安装孔的坐标为（100mil，100mil）、（2000mil，100mil）、（2000mil，1000mil）和（100mil，1000mil）。

绘制完成的电路板边界与安装孔如图 11-47 所示，图中外层边界是物理边界，内层边界是电气边界。

图 11-46　安装孔设置

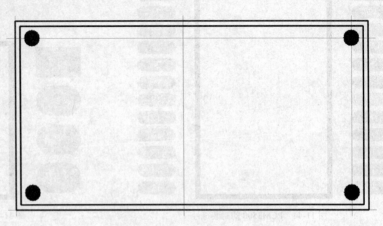

图 11-47　绘制完成的电路板边界与安装孔

2. 加载元器件封装库

本例需要加载的元器件封装库有软件自带的 Advpcb.ddb 中的 PCB Footprints.lib 库和 CODEC.ddb 中的 PCBLIB1.LIB 库。单击主工具栏中的加载元器件封装库图标进行加载。

本例所用的封装除插排外均是贴片型封装。0805 是电阻和电容的贴片封装，3528 是有极性电容的封装，这些封装符号在 Advpcb.ddb 中的 PCB Footprints.lib 库中都能够查找到。

3. 装入网络表

在 PCB 文件中执行菜单命令 Design→Load Nets，将根据原理图产生的网络表文件装入到 PCB 文件中。

4. 元器件布局

根据电路原理图从输入到输出方向依次摆放元器件，即从左向右摆放元器件。如图 11-48 所示为布局完毕后的 PCB。

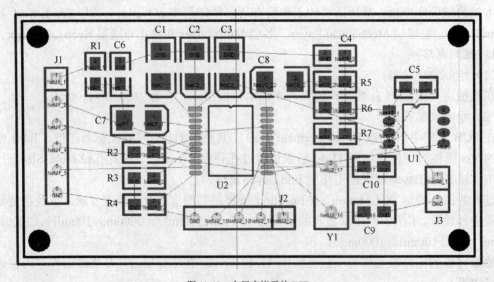

图 11-48　布局完毕后的 PCB

5. 布线

在布线前，需要对布线规则进行设置。执行菜单命令 Design→Rules，弹出 Design Rules 对话框。在 Rules Classes 区域中，设置最后一项——线宽。本例 GND 线需要设置为 30mil，+3.3V 走线设置为 30mil，其他走线设置为 10mil，如图 11-49 所示。

由于本例是双面板布线，所以需要对过孔进行设置。在 Design Rules 对话框的 Rule Classes 区域内选择 Routing Via Style，将过孔的直径设置为 1mm，孔径设置为 0.6mm（如果单位不是公制的，按快捷键【Q】将单位切换为公制的 mm），如图 11-50 所示。

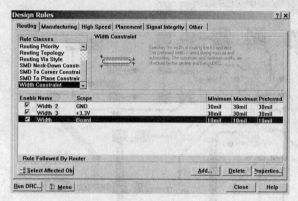

图 11-49　走线宽度设置

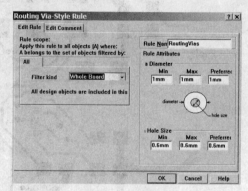

图 11-50　过孔设置

Rule Classes 区域内的其他项均采用默认设置。

本例也采用手工布线，读者应该养成手工布线的习惯，因为一般自动布线效果都非常不理想，只是将线连通而已，没有电路电气性能上的考虑。手工布线可以根据实际电路的需要，随时调整走线方案，使走线满足电路电气性能的需要。

如图 11-51 所示为布线后的 PCB 板。

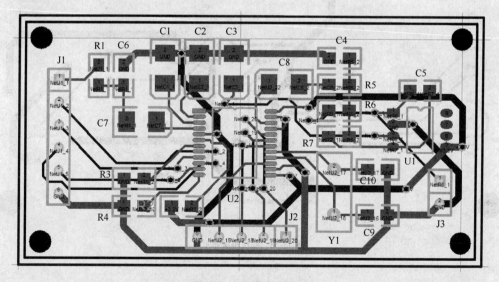

图 11-51　布线后的 PCB 图

布线过程中注意，由于 PCM3500 的焊盘本身较小，不能布 30mil 宽的走线，那么当要从 PCM3500 向外引出 GND 或+3.3V 网络时，可将线宽变小，出线后打过孔，然后恢复 30mil 线宽即可。

为了便于观察双面板 PCB 图，可以使用快捷键 Shift+S 使 Protel 99 SE 单层显示 PCB，顶层、底层和丝印层单层显示如图 11-52 至图 11-54 所示。

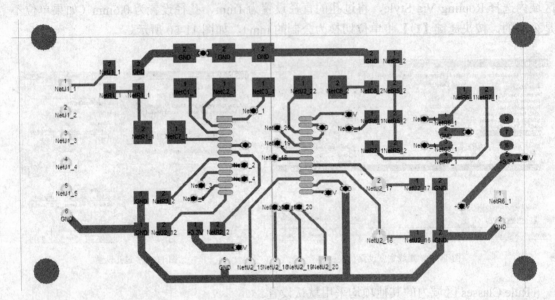

图 11-52 顶层单层显示

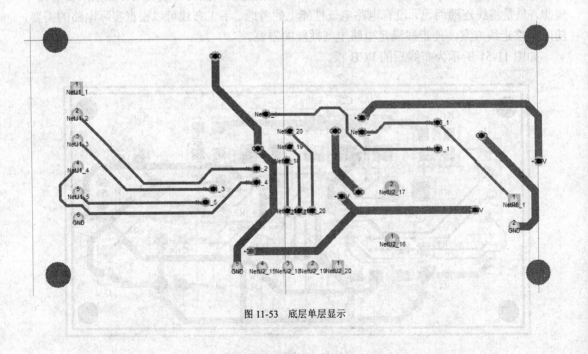

图 11-53 底层单层显示

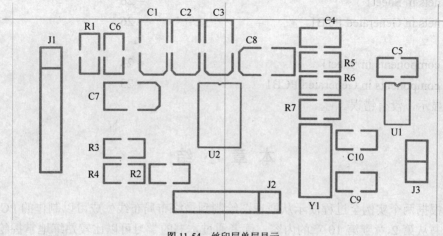

图 11-54　丝印层单层显示

11.2.5　原理图与 PCB 图的一致性检查

1. 根据电路板图产生网络表文件

在 PCB 文件中执行菜单命令 Design→Netlist Manager，弹出 Netlist Manager 对话框。单击【Menu】按钮，在弹出的菜单中选择 Create Netlist Form Connected Copper，就会根据 PCB 生成一个网络表。

2. 两个网络表文件进行比较

执行菜单命令 Design→Netlist Manager，弹出 Netlist Manager 对话框。单击【Menu】按钮，在弹出的菜单中选择 Compare Netlist。此时会弹出一个对话框，在对话框中选择由原理图生成的网络表，本例为 Sheet1.NET。单击【OK】按钮确认后，又弹出一个对话框，在这个对话框中选择由 PCB 生成的网络表，本例为 Generated PCB1.Net。

比较结果为：

```
-----------------------------------------------------------
Total components with Footprints changed        = 0
Total components with Comments changed          = 0

Total extra components                          = 0
Total missing components                        = 0

Total nets with names changed                   = 0
Total nets with missing/extra pins              = 0

Total extra nets in Sheet1                       = 0
Total extra nets in Generated PCB1               = 0
```

Total nets in Sheet1   = 26
Total nets in Generated PCB1   = 26

Total components in Sheet1   = 23
Total components in Generated PCB1   = 23

结果显示，没有错误。

本 章 小 结

本章根据两个实例全过程演示从原理图绘制到最终布局布线生成可以制作的 PCB，全面回顾了本书从第 2 章到第 10 章的内容。读者通过本书的学习可以比较熟练地掌握绘制 PCB 的基本方法和技巧。

练 习 题

1. 绘制原理图如图 11-55 所示。

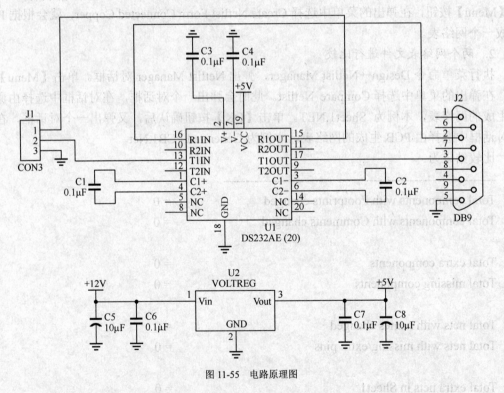

图 11-55   电路原理图

元器件属性列表如表 11-3 所示。

表 11-3		元器件属性列表	
LibRef （元器件名称）	Designator （元器件标号）	Comment （元器件标注）	Footprint （元器件封装）
CAP	C1、C2、C3、C4、C6、C7	0.1μF	RAD0.1
CAPACITOR	C5、C8	10μF	RB.2/.4
CON3	J1		SIP3
DS232AE(20)	U1		SOJ-20
VOLTREG	U2		TO-220
DB9	J2		DB9/M

其中 DS232AE(20) 元器件符号在 Dallas Interface.ddb

其余元器件符号在 Miscellaneous Devices.ddb

2．绘制 PCB 板边界，物理边界尺寸为 2660mil×2340mil，电气边界为 2540mil×2220mil。

3．绘制四个定位孔，过孔直径为 50mil，孔径为 200mil。四个定位孔的坐标分别为（220mil，220mil）、（2440mil，220mil）、（2440mil，2120mil）和（220mil，2120mil）。

4．向 PCB 文件导入网络表（需要添加 Advpcb.ddb 库），对元器件进行合理布局。

5．设置布线规则。安全间距设置为 10mil；+12V 和+5V 网络线宽设置为 30mil；GND 网络线宽设置为 30mil；其余线宽设置为 10mil。

6．过孔内外径尺寸为 0.6mm 和 1mm。

7．对 PCB 进行手动布线。布线后比较原理图和 PCB 的网络表是否一致，如不一致，修改 PCB 至一致为止。

参 考 文 献

[1] 王卫平. 电子产品制造技术[M]. 北京：清华大学出版社. 2005.

[2] 潘永雄，沙河. 电子线路 CAD 实用教程[M]. 西安：西安电子科技大学出版社. 2010.

[3] 胡继胜，杜贵敏. 电子 CAD 技能与实训——Protel 99 SE [M]. 北京：电子工业出版社. 2009.

[4] 郭勇，董志刚. Protel 99 SE 印制电路板设计教程[M]. 北京：机械工业出版社. 2008.

[5] 及力. Protel 99 SE 原理图与 PCB 设计教程（第 2 版）[M]. 北京：电子工业出版社. 2007.

[6] 及力. Protel DXP 2004 SP2 实用设计教程[M]. 北京：电子工业出版社. 2009.